U0112001

大展好書　好書大展
品嘗好書　冠群可期

大展好書　好書大展
品嘗好書　冠群可期

熱門
海水魚

人氣旺盛的魚種與養法

毛利匡明／著

劉雪卿／譯

大展出版社有限公司

前　　言

　　從1882年在日本上野創造最初的水族館「觀魚室」迄年已有115年，而我的水族館人生至今也有36年了，可以說擁有日本水族館歷史三分之一的經驗。

　　熱帶魚的飼養，已經和我們的生活息息相關。目前，國內所飼養的熱帶魚，約超過2000種。

　　海的「熱帶魚」，就是海水魚。在10年以前，一般家庭飼養起來極為困難，只有專業人士與部分愛好者從事飼養的工作。但是，近年來，海水魚的愛好家增加，目前有凌駕於淡水魚之上的趨勢，而被飼養於家庭中。

　　尤其最近更是受到年輕女性的喜愛。掀起這股風潮的導火線，也應該包括水族館在內吧！那是因為水族館的展示方法已經大幅地改變，以接近自然的展示為主流，讓你感覺魚就好像悠游在自己的身邊似的。

　　愛好海水魚的人口增加的理由，當然是因為色彩、形態、游泳方式、獨特的習性，以及與人親近的因素所致。同時，藉著開發良質人工海水的「自動溫度調整器」，能夠保持穩定的水溫，因此，飼養起來較不容易失敗。

　　海水魚的泳姿扣人心弦，給予我們一種安詳與解放感。由於飼養海水魚已蔚為風潮，因此，每天都有人前往水放館詢問飼養海水魚的問題。

　　現在飼養海水魚的人，或是今後想要飼養海水魚的人，希望本書能幫助諸位建立一個美麗、快樂的水族樂園。

目　　錄

前　言 ————————————————————— 3

第 1 章　海水魚的種類 ———————————— 13

直紋棘蝶魚的同類

疊波棘蝶魚 ———————————— 14
藍環神仙魚 ———————————— 14
條紋棘蝶魚 ———————————— 15
六線神仙魚 ———————————— 15
藍嘴神仙魚 ———————————— 16
錦紋棘蝶魚 ———————————— 16
女王神仙魚 ———————————— 17
法國神仙魚 ———————————— 17
美國石美人 ———————————— 18
藍面神仙 ———————————— 18
馬鞍神仙魚 ———————————— 19
黃尾神仙魚（白頭） ————————— 19
赫氏棘蝶魚 ———————————— 20
伏羅氏棘蝶魚 ——————————— 20
白斑棘蝶魚 ———————————— 21
石美人太平洋 ——————————— 21
火焰神仙魚 ———————————— 22
黃肚新娘 ————————————— 23
雙棘棘蝶魚 ———————————— 23
紅閃電神仙魚 ——————————— 24
多彩神仙魚 ———————————— 24
黑火焰神仙魚 ——————————— 25
迷你小神仙魚 ——————————— 25
黃尾蝶 —————————————— 26
阿拉伯神仙魚 ——————————— 26
拉馬克神仙魚 ——————————— 27
北方棘蝶魚 ———————————— 27

蝶魚的同類

月斑蝶魚 ⋯⋯⋯⋯⋯⋯⋯⋯ 28
揚旛蝶魚 ⋯⋯⋯⋯⋯⋯⋯⋯ 28
飄浮蝶魚 ⋯⋯⋯⋯⋯⋯⋯⋯ 29
黑點線蝶魚 ⋯⋯⋯⋯⋯⋯ 29
飄浮擬蝶魚 ⋯⋯⋯⋯⋯⋯ 30
霙蝶魚 ⋯⋯⋯⋯⋯⋯⋯⋯⋯ 30
橫紋蝶魚 ⋯⋯⋯⋯⋯⋯⋯⋯ 31
網眼蝶魚 ⋯⋯⋯⋯⋯⋯⋯⋯ 32
雷氏蝶魚 ⋯⋯⋯⋯⋯⋯⋯⋯ 32
八帶蝶魚 ⋯⋯⋯⋯⋯⋯⋯⋯ 33
鞍架蝶魚 ⋯⋯⋯⋯⋯⋯⋯⋯ 33
紅尾珠砂蝶 ⋯⋯⋯⋯⋯⋯ 34
三帶蝶魚 ⋯⋯⋯⋯⋯⋯⋯⋯ 34
黑貝蝶魚 ⋯⋯⋯⋯⋯⋯⋯⋯ 35
鏡斑蝶魚 ⋯⋯⋯⋯⋯⋯⋯⋯ 35
藍腰蝶魚 ⋯⋯⋯⋯⋯⋯⋯⋯ 36
黃頭蝶魚 ⋯⋯⋯⋯⋯⋯⋯⋯ 37
胡麻蝶魚 ⋯⋯⋯⋯⋯⋯⋯⋯ 37
繁紋蝶魚 ⋯⋯⋯⋯⋯⋯⋯⋯ 38
雨滴蝶魚 ⋯⋯⋯⋯⋯⋯⋯⋯ 38
圓盤蝶魚 ⋯⋯⋯⋯⋯⋯⋯⋯ 39
杉斜紋蝶魚 ⋯⋯⋯⋯⋯⋯ 39
白斑蝶魚 ⋯⋯⋯⋯⋯⋯⋯⋯ 40
黃金蝶魚 ⋯⋯⋯⋯⋯⋯⋯⋯ 41
橘臉蝶魚 ⋯⋯⋯⋯⋯⋯⋯⋯ 41
白吻雙帶立旗鯛 ⋯⋯⋯ 42
黑身立旗鯛 ⋯⋯⋯⋯⋯⋯ 43
鬼立旗鯛 ⋯⋯⋯⋯⋯⋯⋯⋯ 43
長嘴蝶魚 ⋯⋯⋯⋯⋯⋯⋯⋯ 44
長吻蝶魚 ⋯⋯⋯⋯⋯⋯⋯⋯ 44
銀斑蝶魚 ⋯⋯⋯⋯⋯⋯⋯⋯ 45
黑點蝶魚 ⋯⋯⋯⋯⋯⋯⋯⋯ 45
笨氏蝶魚 ⋯⋯⋯⋯⋯⋯⋯⋯ 46
高鰭蝶魚 ⋯⋯⋯⋯⋯⋯⋯⋯ 47
立旗鯛 ⋯⋯⋯⋯⋯⋯⋯⋯⋯ 47
單斑蝶魚 ⋯⋯⋯⋯⋯⋯⋯⋯ 48
曲紋蝶魚 ⋯⋯⋯⋯⋯⋯⋯⋯ 48

雀鯛的同類

花鱸、准雀鯛的同類

黃尾雀鯛 49
藍雀鯛 49
青衣雀鯛（水銀燈） 50
摩鹿加雀鯛 51
變色雀鯛 51
黑雀鯛 52
三斑光鰓雀鯛 52
網紋光鰓雀鯛 53
三帶光鰓雀鯛 53
四帶光鰓雀鯛 54
霓虹雀鯛 54
史氏雀鯛 55
燕尾雀鯛 55
三帶雙鋸蓋魚 56
眼斑海葵魚 56
紅小丑 57
粉紅海葵魚 58
藤紅海葵魚 58
方斑花鱸 59
游牧花鱸 59
金花鱸 60
紅星花鱸 60
黃背粉紅花鯉 61
美國草莓 61
紅鱠 62
鰍魚 62
粗黑斑魚 63
孔雀七夕魚 63
雙色草莓 64
紫准雀鯛 64

鸚鯛、鸚哥魚的同類

臭都魚的同類

塘鱧、鯒魚、斑鯛的同類

蓋馬氏鸚鯛 ———— 65
燕尾狐鯛 ———— 65
突吻鸚鯛 ———— 66
腋斑狐鯛 ———— 66
藍帶裂唇鯛 ———— 67
金色儒艮鯛 ———— 67
六帶擬鸚鯛 ———— 68
白鸚哥魚 ———— 68
七線鸚鯛 ———— 69
古邦鸚鯛 ———— 69

藍倒吊 ———— 70
黃倒吊 ———— 70
藍線粗皮鯛 ———— 71
日本粗皮鯛 ———— 71
古都天狗鯛 ———— 72
疊波粗皮鯛 ———— 72
粉藍倒吊 ———— 73
紅海騎士 ———— 73
角蝶魚 ———— 74
吹火臭都魚 ———— 74

絲鰭塘鱧 ———— 75
紅尾塘鱧 ———— 75
藍紋范氏鰕虎 ———— 76
協和塘鱧 ———— 77
黃身珊瑚塘鱧 ———— 77
蟹塘鱧 ———— 78
鬚塘鱧 ———— 78
霓虹鰕虎 ———— 79
紅頸塘鱧 ———— 79
眼帶鯒 ———— 80
雙色蛙鯒 ———— 80
印度蛙鯒 ———— 81
管鷹斑鯛 ———— 81
馬蹄鷹斑鯛 ———— 82
紅鷹斑鯛 ———— 82

其他的同類

虹魚 83
鼻鬚海鰻 83
條紋蝦魚 84
中國管口魚 84
黑環海龍 85
澳洲海馬 85
薔薇海馬 86
躄魚 87
川紋笛鯛 87
紋身笛鯛 88
蝴蝶胡椒鯛 88
紅松毬 89
饅頭黃花魚 89
黑頭海鯡鯉 90
千斤頂刀魚 90
黃條紋鰺 91
老婆魚 91
長翅燕魚 92
姬燕魚 92
圓翅燕魚 93
錦紋魚 94
港灣魚 94
花斑皮剝魨 95
長吻單棘魨 95
陣雨花斑皮剝魨 96
紅皮剝魨 96
觸角簑魨 97
雙斑臀簑魨 98
魔鬼簑魨 98
金鋼鎧魨 99
六斑刺河魨 99
黑點河魨 100
駱駝鎧魨 100
白紋鎧魨 101
腹紋白點河魨 101

第2章　無脊椎動物・海藻

美人蝦 104
白襪蝦 104
清潔蝦 105
海葵蝦 105
尼羅河珊瑚 106
花傘石珊瑚 106
水滴珊瑚 107
小花珊瑚 107
小枝流花珊瑚 108

磁碟珊瑚 108
紅海葵 109
太陽花 109
豆沙海葵 110
珊瑚海葵 110
籃子海葵 111
瘤海星 111
管　蟲 112
仙人掌草 112

第3章　飼養的方法與日常管理

●高明的器具選擇法 114
選擇水槽 114
　首先決定水槽的素材 114
　不銹鋼框容易生銹 114
　玻璃製好還是丙烯製好？ 115
　決定水槽的大小 116
選擇過濾裝置 117
　自然的海洋構造 117
　氨是魚類的大敵 118
　減弱有害物質的過濾裝置 118
　過濾裝置的種類 120
選擇照明器具 122
　依用途而分別使用 122
　一般家庭使用螢光燈 122
選擇氣泵 123
　經常供應新鮮的氧 123
　考慮聲音與擱置場所 123
選擇保溫器具 124
　使常夏的海洋再現 124
　水溫計也是不可或缺的 125
其他的器具 126
水槽的安置 128
　決定安置水槽的場所 128

水槽中放入海水 129
天然海水充滿不純物 129
考慮場所、季節、漲潮、退潮時間 130
日本的人工海水享譽世界 131
水族館的海水也經過仔細的考慮 131
啟動過濾槽 132
　魚的元氣不足時 132
　請思考過濾裝置的構造 132
　不要一次放入全部的魚 133
　你也能夠成為水族館館長 133
●高明的日常管理 138
餌的種類 138
餵食的方法 140
　魚也要求取營養均衡 140
　藻片食物十分方便 140
　以生餌讓魚就食 140
　一日餵2～3次 141
水質的管理 142
　水骯髒的構造 142
　硝酸不可能完全消失 142
　清洗過濾器材 142
　確實檢查水質 143
　作一份自己專用的水族資料 144

換水的方法 ┈┈┈┈┈┈┈ 145
　勿使魚察覺到 ┈┈┈┈┈ 145
　不要一次全部更換 ┈┈┈ 145
　靜靜地換水 ┈┈┈┈┈┈ 146
　魚移到水桶中要使用氣泵 147
過濾材的清洗 ┈┈┈┈┈┈ 150
　不要消滅過濾細菌 ┈┈┈ 150
　利用海水清洗 ┈┈┈┈┈ 150
　水族館中有2種過濾裝置 ┈ 151
　併用上部過濾與底面過濾 151
水槽的清掃 ┈┈┈┈┈┈┈ 156
　移動魚時，避免使魚受傷 156
　完全抽掉水槽的水以後 ┈ 156
　利用柔軟物清洗 ┈┈┈┈ 157
　用水沖洗掉藥品 ┈┈┈┈ 157
　不要一次完全洗淨 ┈┈┈ 158
　充分注意觸電問題 ┈┈┈ 158
●疾病的預防與治療 ┈┈┈ 160
　生病在所難免 ┈┈┈┈┈ 160
　早期發現，早期治療 ┈┈ 160
　你是魚類的醫生 ┈┈┈┈ 160
疾病的原因 ┈┈┈┈┈┈┈ 161
疾病的預防 ┈┈┈┈┈┈┈ 163
　防止外部感染 ┈┈┈┈┈ 163
　避免水溫的劇烈變化 ┈┈ 164
　佈置舒適的空間 ┈┈┈┈ 164
　慎重地撈取 ┈┈┈┈┈┈ 164
疾病的種類與治療方法 ┈┈ 165
○寄生蟲所引起的疾病 ┈┈ 165
　白點病 ┈┈┈┈┈┈┈┈ 165
　纖毛蟲症 ┈┈┈┈┈┈┈ 166
　單生蟲症 ┈┈┈┈┈┈┈ 168
　威迪鞭毛蟲症 ┈┈┈┈┈ 169
○細菌性疾病 ┈┈┈┈┈┈ 169
　弧菌病 ┈┈┈┈┈┈┈┈ 169
　水霉菌病 ┈┈┈┈┈┈┈ 170
　鰭腐病 ┈┈┈┈┈┈┈┈ 170
＊治療中的注意事項 ┈┈┈ 171

專　欄
COLUMN

魚的親子	22
魚的就食	31
魚的口	36
共處一個屋簷下的魚	40
魚的移動	42
珊瑚的打鬥	46
半夜的魚類	50
自己無法生存的共生關係	57
雌雄的故事	76
海草與海藻	97
水槽的青苔清除者（寶貝的同類）	102
水族館的餵食	141

第 1 章
海水魚的種類

Pomacanthus semicirculatus
疊波棘蝶魚（藍紋）

易就食，屬較強壯的魚。注意餌食的營養均衡，宜均衡地給予動物質、植物質的食品。勢力範圍的意識極強，個性激型，避免與其他魚類混泳。

分　　　布	印度洋～太平洋
大　　　小	7～40cm
飼養難易度	普通

Pomacanthus annularis
藍環神仙魚

雜食性，習慣吃人工飼料。個性溫馴，受到驚嚇時，會躲在岩石陰暗處或水槽角落，為膽小鬼。要設置珊瑚岩等能夠躲藏的場所，使其鎮靜下來。

分　　　布	印度洋～太平洋
大　　　小	15～30cm
飼養難易度	普通

條紋棘蝶魚（皇仙神仙）

Pomacanthus imperator

雜食性，容易就食。幼魚在深藏青色體色上有白色漩渦花紋，與成魚截然不同。藉由水槽，可觀察到從幼魚到成魚的體色變化。

分　　布　印度洋～太平洋～紅海
大　　小　7～40cm
飼養難易度　普通

六線神仙魚

Pomacanthus sexstriatus

與其他的棘蝶魚相同，幼魚和成魚的體色顯著不同。體長可能成長到50cm，為大型。因此，水槽要配合成長，給序寬廣的環境。易就食，屬雜食性，容易飼養。

分　　布　西太平洋
大　　小　15～45cm
飼養難易度　普通

Apolemichthus trimaculatus

藍嘴神仙魚

個性溫馴，可與他種魚類混泳，略帶神經質，要避免與大型魚或個性激烈的魚一同飼養。具游泳力，要給予能夠活動的水槽。給予活蛤仔時，可迅速就食。

分　　布	印度洋～太平洋
大　　小	15～25cm
飼養難易度	普通

Pygoplites diacanthus

錦紋棘蝶魚（皇帝神仙）

個性溫和，非常膽小，是很難飼養的魚。一旦就食以後，即使適應環境的個體，不論同異種，如身後有魚追趕，就會害怕而不敢吃餌食。同種魚，兩條一起飼養較易長生。

分　　布	印度洋～太平洋
大　　小	20～30cm
飼養難易度	難

Holacanthus ciliaris

女王神仙魚

成魚的額頭有稱為冠紋的花紋出現，屬雜食性，容易就食。繼續給予薄片食物等人工飼料，也能立刻習慣。此外，習慣於環境的個體可用手直接餵食。

分　　　布	西大西洋
大　　　小	20～45cm
飼養難易度	普通

Pomacanthus paru

法國神仙魚

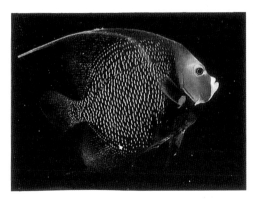

幼魚的體色為黑色，有明顯的白色橫紋，而成魚則為黑色單色，每片鱗片都帶有金邊。屬雜食性，容易就食，成長迅速。因此，能夠輕易享受到從幼魚成長到成魚的體色變化之樂。

分　　　布	西大西洋
大　　　小	20～40cm
飼養難易度	普通

Holacanthus tricolor
美國石美人

幼魚成長的過程中，有一段時期與二色棘蝶魚非常類似，屬神經質的魚。因此必須儘早適應容易就食的環境，才能與其他的魚類混泳，要勤於餵食。

分　　布　　西太平洋
大　　小　　10～25cm
飼養難易度　　普通

Pomacanthus xanthometopon
藍面神仙魚

成魚的臉為藍色，也稱為藍臉天使魚。幼魚體色為藍色，有白色線條。不論幼魚、成魚都容易就食，屬雜食性。

分　　布　　印度洋～西太平洋
大　　小　　15～40cm
飼養難易度　　普通

Pomacanthus navarchus

馬鞍神仙魚

個性溫馴,略帶神經質。幼魚較成魚更易就食,大型的個體要習慣就食,須花費較多時間。首先要在安靜的環境單獨飼養,熟悉以後,再進行混泳飼養。

分　　布　　西太平洋
大　　小　　10～30cm
飼養難易度　　難

Chaetodontoplus personifer

黃尾神仙魚（白頭）

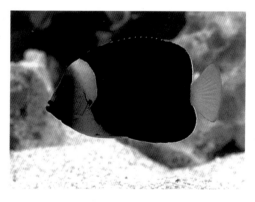

幼魚的體色類似北方棘蝶魚,成長為成魚後,藍色臉上出現黃色斑點花紋,容易就食,屬雜食性。為強壯容易飼養的魚。

分　　布　　西太平洋
大　　小　　15～30cm
飼養難易度　　普通

Centropyge heraldi

赫氏棘蝶魚（黃新娘）

個性溫馴，屬神經質的魚。擦傷會引起皮膚病，因此必須注意。容易就食及飼養，但同一水槽如放入太多條魚，容易爭奪勢力範圍。

分　　布	中～西太平洋
大　　小	10～15cm
飼養難易度	難

Centropyge vrolicki

伏羅氏棘蝶魚（黑尾新娘）

容易購買到，也容易就食，可說是飼養入門魚。因略微膽怯，須建立數個可以躲藏的地方，使其安靜下來。

分　　布	中～西太平洋
大　　小	8～10cm
飼養難易度	普通

Centropyge tibicen

白斑棘蝶魚（白點新娘）

在黑色體色上出現白色斑綾。與其他小型棘蝶魚一樣有點膽怯，必須給予一個能夠平靜的環境。

分　　布	西太平洋
大　　小	8～10cm
飼養難易度	普通

Centropyge bicolor

石美人太平洋

體色分為黃色與藏青色兩部分。較小的個體，給予蛤仔等生餌，較易就食。個性膽怯，要利用隔板等隔出空間，習慣以後才能混泳。

分　　布	中～西太平洋
大　　小	8～15cm
飼養難易度	難

Centropyge loriculus

火焰神仙魚

　　體色為深紅色的鮮艷魚，強壯易熟悉環境，以人工飼料餵食亦容易就食。個性略帶神經質，必須注意混泳的魚類。因棲息地不同，體色也會產生地域產。

分　　　布　　西太平洋
大　　　小　　8～10cm
飼養難易度　　普通

專　欄
COLUMN

魚　的　親　子

　　棲息在海中的生物，有許多孩子和父母的花紋與形狀完全不同，尤其是直條紋棘蝶魚的幼魚有非常可愛的漩渦花紋，亦稱為「漩渦」。此外像蓋馬氏鸚鯛、紅喉鸚鯛、單色鸚哥魚等，親子也是完全不同。在水槽內，能夠觀察到幼魚花紋變化的情形，好好努力把魚養大吧！

Holacanthus venustus
黃肚新娘

個性溫馴，不適合與個性激動的魚混泳，會吃小型的食餌。一旦就食以後，開始須採單獨飼養的方式，餌食以帶殼的蛤仔最佳。就食後，再慢慢讓它習慣人工飼料。

分　　布	西太平洋
大　　小	10～12cm
飼養難易度	難

Centropyge bispinosus
雙棘棘蝶魚（藍閃電、玻璃神仙魚）

屬於進口魚中較穩定的品種，容易購買到。以人工飼料餵食，即能就食，能迅速適應環境，適合當成入門魚飼養，體色具有很大的個體差。

分　　布	印度洋～西太平洋
大　　小	10～12cm
飼養難易度	普通

Centropyge ferrugatus

紅閃電神仙魚

小型棘蝶魚中能穩定進口的種類,屬雜食性。利用人工飼料就能輕易就食,在自然界也吃藻類,所以也可以給予植物性的餌食。

分　　　布　　西太平洋
大　　　小　　8～10cm
飼養難易度　　易

Centropyge multicolor

多彩神仙魚

具有淡淡彩色的體色,進口數量較少,很難購買到。易就食,屬雜食性,為容易飼養的魚。

分　　　布　　中太平洋
大　　　小　　7～10cm
飼養難易度　　普通

Centropyge acanthops
黑火焰神仙魚

　　為東、南非沿岸印度洋的固有品種，進口種類少，購入不易。易就食，飼養並不困難，利用茂密的海草加自然光飼養，就能擁有鮮艷的體色。

分　　　布	西印度洋
大　　　小	5～8cm
飼養難易度	普通

Centropyge argi
迷你小神仙魚

　　在小型棘蝶魚當中是特別小的魚，個性溫馴。與大魚混泳時因害怕而不敢就食，須利用珊瑚礁等建立立體的躲藏處，使牠平靜下來。

分　　　布	西大西洋
大　　　小	3～5cm
飼養難易度	普通

Chaetodontoplus mesoleucus
黃尾蝶

體型略帶圓潤，易就食。使用人工飼料亦容易就食，非常強壯，但有點神經質，所以必須注意混泳的魚類組合。下巴力量較弱，要給予適合口大小的魚餌。

分　　布	西大西洋
大　　小	10～15cm
飼養難易度	普通

Pomacanthus asfur
阿拉伯神仙魚

為紅海固有種的北方棘蝶魚，屬雜食性。易就食，也習慣人工飼料，是較易飼養的魚。因入貨量較少，很難購買到。

分　　布	紅海
大　　小	15～25cm
飼養難易度	普通

Genicanthus lamarck
拉馬克神仙魚

尾鰭兩端較長，能悠哉悠哉的游泳，使用生餌肉末較易就食。略帶神經質，不適合與個性激烈的魚類混泳，富於游泳力。

分　　　布	印度洋～西太平洋
大　　　小	15～20cm
飼養難易度	普通

Chaetodontoplus septentrionalis
北方棘蝶魚（金蝴蝶、囊鯛）

為日本近海的固有種。幼魚和成魚的花紋完全不同，可享受體色變化之樂。個性溫馴，要避免與個性激烈的魚混泳。

分　　　布	西太平洋
大　　　小	20～22cm
飼養難易度	易

月斑蝶魚（月眉蝶）

Chaetodon lunula

易適應環境，深淺海皆有。易就食，不喜歡人工飼料，而喜好蛤仔或小蝦等，為強壯容易飼養的魚。

分　　布　　印度洋～太平洋
大　　小　　10～20cm
飼養難易度　　易

揚旛蝶魚（人字蝶）

Chaetodon auriga

背鰭的軟條伸長，大小品種多，容易購買到。身體強壯容易飼養。易就食，適合初次養魚者飼養的魚。

分　　布　　印度洋～太平洋
大　　小　　10～25cm
飼養難易度　　易

Chaetodon vagabundus
飄浮蝶魚（假人字蝶）

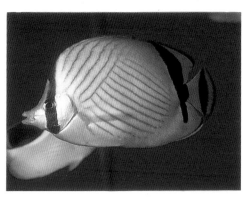

悠游於水槽中，易就食。最好將蛤仔等活貝打開後再給予。夏～秋天，會游到日本千葉縣以南的近海。

分　　　布　　　印度洋～太平洋
大　　　小　　　10～20cm
飼養難易度　　　普通

Chaetodon melannotus
黑點線蝶魚（太陽蝶）

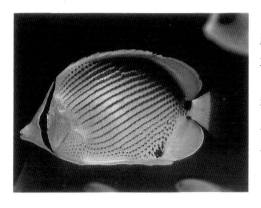

強壯，能夠輕易適應環境，為容易飼養的魚。將活貝類剁碎餵食，或給予張開的貝類。類似種是腹鰭為白色、尾鰭帶黑色斑點的黑點尾蝶魚。

分　　　布　　　印度洋～太平洋
大　　　小　　　10～18cm
飼養難易度　　　易

Chaetodon lineolatus

飄浮擬蝶魚（黑彩蝶）

是最大型的蝶魚。小型的個體比大型的個體更容易就食，要給予蛤仔等活貝。在印度洋附近有類似種的C.oxy cephalus，但不易得手。

分　　　布	印度洋～太平洋
大　　　小	10～30cm
飼養難易度	易

Chaetodon kleinii

霙蝶魚（藍頭蝶）

為小型蝶魚，進口管道穩定，易購得。立刻就能適應環境，強壯，也是容易就食的魚類，可當成海水魚飼養的入門魚之一。除了生餌外，也能接受人工飼料。

分　　　布	印度洋～太平洋
大　　　小	8～10cm
飼養難易度	普通

橫紋蝶魚（三間蝶）

Chaetodon ulietensis

　　易就食，強壯，是容易飼養的魚。但是，入貨量較少，是難以到手的種類。個性溫馴、膽怯，必須注意與其混泳的魚類。最好餵予打開的蛤仔等活貝。

分　　布	太平洋
大　　小	10～15cm
飼養難易度	易

專　欄　COLUMN

魚　的　就　食

　　在水族館，要讓魚吃餌食，必須花點工夫。其中，「給餌棒」是好東西。在細長的棒狀尖端，刺上當成餌食的魚肉，拿到魚的眼前。此刻，要讓魚肉漂動，看起來有如活魚一般。魚最初可能會無動於衷，但漸漸地就會出現反應，繼而在刹那間吃掉餌食。必須注意魚肉的厚度和大小，多下點工夫來餵食吧！

Chaetodon xanthurus

網眼蝶魚（紅尾蝶）

為菲律賓的特產，偶爾也出現在沖繩。鱗片後緣的黑邊有如網眼。為雜食性魚。喜歡吃生餌，為強壯的魚。

分　　布　西太平洋
大　　小　10～13cm
飼養難易度　普通

Chaetodon rafflesi

雷氏蝶魚（黃網蝶）

黃色的鱗片帶著黑邊，形成格子狀。強壯，易就食，屬雜食性。不論生餌或人工飼料，都能夠接受。是初次養魚者可以享受樂趣的海水魚。

分　　布　印度洋～太平洋
大　　小　10～15cm
飼養難易度　易

Chaetodon octofasciatus

八帶蝶魚（八線蝶）

體形呈圓盤狀，個性溫馴。要花較長的時間就食，是容易得手的魚。

分　　布	印度洋～西太平洋
大　　小	8～13cm
飼養難易度	難

Chaetodon adiergastos

鞍架蝶魚

為菲律賓的特產。眼睛四周有黑色條紋，故暱稱為熊貓。易就食，喜歡吃活貝、小蝦類。如果能充分就食，就能夠混泳。

分　　布	西太平洋
大　　小	10～13cm
飼養難易度	普通

紅尾珠砂蝶

Chaetodon collare

尾鰭呈紅色，故稱為紅尾蝶魚。為印度洋沿岸的特產種。易就食，最好給予活貝等生餌。一旦就食後，也能習慣人工飼料。是容易買到的魚。

分　　　布　　印度洋～西太平洋
大　　　小　　15～18cm
飼養難易度　　易

三帶蝶魚（冬瓜蝶）

Chaetodon trifasciatus

以珊瑚蟲為主食的蝶魚，個性較為神經質，是難以就食的魚。中型的個體要單獨飼養，給予蛤仔等活貝，使其就食。長期飼養時，要避免混泳。

分　　　布　　印度洋～太平洋
大　　　小　　10～15cm
飼養難易度　　難

Chaetodon ephippium
黑貝蝶魚（月光蝶）

色調多彩多姿，背部有黑色大斑紋。易就食。個性溫馴、膽怯。要給予立體設計的藏身處。成長以後，第5、6軟條會變長。

分　　布　　印度洋～太平洋
大　　小　　10～20cm
飼養難易度　　普通

Chaetodon speculum
鏡斑蝶魚（黃鏡斑、黃一點）

體色鮮黃，周邊有淡黑色的斑紋，為其特徵。在個性溫馴的蝶魚之中，是屬於特別溫馴的魚。餵食時，打開蛤仔，沈入水中，讓魚食用。

分　　布　　印度洋～西太平洋
大　　小　　10～18cm
飼養難易度　　普通

藍腰蝶魚（雲蝶）

Chaetodon plebeius

體色鮮黃，體側有淡藍色的斑點為其特徵。經常吃珊瑚蟲，因此難以就食，要單獨飼養，給予牠安靜的環境。以蛤仔等活貝為餌食。

分　　　布	印度洋～太平洋
大　　　小	10～18cm
飼養難易度	普通

魚　的　口

　　魚的口依種類的不同，而有各種不同的形狀。同時，也與魚餌食的種類和吃法有密切的關係。有些魚的口如細管一般，可吸入小的浮游生物；而鸚哥魚則是如鸚哥的鳥嘴般尖銳的牙齒，可以咬碎硬珊瑚骨，故能夠吃珊瑚蟲。給予飼食時，要配合魚口尺寸大小來決定餌食。同時，也要考慮吃餌食的方式。

Chaetodon xanthocephalus
黃頭蝶魚（夜光蝶）

嗜愛生餌，餌食是剁碎的蛤仔等活貝。一旦就食，食用餌食時會較為活潑。

分　　布　　印度洋
大　　小　　15～25cm
飼養難易度　　易

Chaetodon citrinellus
胡麻蝶魚（胡麻蝶）

淡檸檬色的身體上擁有小斑紋，為其特徵。食量小，個性溫馴。如果不能充分就食，就不能與其他的魚類混泳。愛吃生餌，可以打開的活貝餵食。

分　　布　　印度洋～太平洋
大　　小　　10～13cm
飼養難易度　　普通

繁紋蝶魚（虎皮蝶）

Chaetodon punctatofasciatus

為菲律賓沿岸的特產種，也是進口數量平穩的大眾化蝶魚。給予蛤仔或小蝦等生餌，即可輕易就食，也容易接受人工飼料，是容易飼養的魚。

分　　　布	中～西太平洋
大　　　小	10～13cm
飼養難易度	普通

雨滴蝶魚

Chaetodon rainfordi

體色以黃色為基調，擁有多彩多姿的橫條紋，是美麗的蝶魚。不過，進口的品種較少，不易買到。利用活貝可輕易就食，食量大，是容易飼養的魚。

分　　　布	澳洲東北部
大　　　小	10～15cm
飼養難易度	普通

Chaetodon aureofasciatus

圓盤蝶魚

為澳洲特產種，進口數量穩定，易就食，可給予活貝、小蝦等生餌。一旦就食，個體強壯，是容易飼養的魚。

分　　布	澳洲東北部
大　　小	12～14cm
飼養難易度	普通

Chaetodon capistratus

杉斜紋蝶魚（四眼蝶）

體色以白色為基調，是相當美麗的魚。個性溫馴，略帶神經質，是較難就食的魚。喜歡蛤仔等生餌，避免與個性激烈的魚混泳。

分　　布	西太平洋
大　　小	10～13cm
飼養難易度	普通

白斑蝶魚（四點蝶）

Chaetodon quadrimaculatus

茶色背部有2個白斑紋，2側共有4個斑紋，為其特徵。個性溫馴，最好單獨飼養，給予寧靜的環境較易就食。一旦就食，就能夠成為強壯的魚。喜歡蛤仔等生餌。

分　　布	中部太平洋
大　　小	13～15cm
飼養難易度	難

專　　欄
COLUMN

共處一個屋簷下的魚

　　「水槽中的魚是否會共食呢？」這是很多人的疑問。當然不是說完全不會，不過，在水族館中，一個水槽中即使放入數十種魚類，也幾乎不會出現共食的情況。這是因為魚已經吃飽了飼主所給予的餌食，故不會出現共食現象。即使是個性殘暴的鯊魚，只要不餓，就不會殘殺其他的魚類。但是，最重要的是，要仔細挑選不會共食的魚放入水槽中。

Chaetodon semilarvatus
黃金蝶魚（天皇蝶）

體色深黃，有橘色的橫紋，眼的四周為淡紫色，臉龐十分可愛。為紅海的固有種，進口到國內的數量較少，是難以得手的魚。為雜食性，易就食，也習慣人工飼料。

分　　　布　　紅海
大　　　小　　10～20cm
飼養難易度　　普通

Chaetodon larvatus
橘臉蝶魚

正如其名，具有橘色的臉龐。為紅海的固有種。經常吃珊瑚種，是難以就食的魚。個性略帶神經質，要避免與個性強悍的魚混泳。

分　　　布　　紅海
大　　　小　　10～15cm
飼養難易度　　難

白吻雙帶立旗鯛（關刀、馬夫魚）

Heniochus auminates

第4條背鰭軟條較長，在水槽內有如豎旗游泳一般。易就食，喜歡蜊仔或小蝦等生餌，也能習慣人工飼料，是容易飼養的魚。

分　　　布　　印度洋～太平洋
大　　　小　　10～20cm
飼養難易度　　易

魚　的　移　動

用網子撈魚，十分方便。但是，在網中亂跳的魚，可能會導致受傷。這時，可以使用稱為「水網帶」的網子。亦即將市售的魚網利用開數個洞的塑膠袋來取代，如此，在撈魚時，就能夠一併撈起水，而不會使魚因為魚網而受傷了。可以輕易地製作，但是，魚一抖動，可能會弄濕周邊的人，這是牠的缺點。

Heniochus varius
黑身立旗鯛（黑關刀）

從幼魚時期開始，額頭上有角，故稱為「公牛」。為雜食性，易就食，喜歡蛤仔、小蝦等生餌。個性溫馴，要選擇與其混泳的魚。

分　　　布	中～西太平洋
大　　　小	10～15cm
飼養難易度	普通

Heniochus monoceros
鬼立旗鯛（魔鬼關刀）

學名為「一角獸」，頭頂有突出的角。是較大型的立旗鯛。泳姿具有魄力，易就食，喜歡生餌。等到完全就食後，也可和棘蝶魚類一起混泳。

分　　　布	印度洋～太平洋
大　　　小	20～25cm
飼養難易度	易

長嘴蝶魚（三間火箭）
Chelmon rostratus

體形、色彩皆引人矚目的魚。以剁碎的蛤仔等生餌餵食。因為食量小，故要勤於餵食。個性溫馴，要選擇與其混泳的魚類。

分　　布　　印度洋～西太平洋
大　　小　　15～20cm
飼養難易度　　難

長吻蝶魚（黃火箭）
Forcipiger flavissimus

為長嘴、體形特殊的魚。以剁碎的蛤仔等活貝餵食。隨波逐流的餌食，會引起魚的食慾。勢力範圍的意識極強，故在同種魚類的複數飼養上要下點工夫。

分　　布　　印度洋～中、西太平洋
大　　小　　15～20cm
飼養難易度　　普通

銀斑蝶魚（霞蝶）

是白色與黃色形成對比的美麗魚。餵予剁碎的蛤仔時，隨波逐流的餌食能引起牠的食慾。個性溫馴，要注意與其混泳的魚種。

分　　布	中～西太平洋
大　　小	10～18cm
飼養難易度	易

黑點蝶魚

體形、體色類似胡麻蝶魚，但是，斑點為黑褐色。個性溫馴，要單獨飼養於安靜的環境下才能就食。打開蛤仔，沈入水中，讓魚食用。

分　　布	西太平洋
大　　小	10～12cm
飼養難易度	普通

Chaetodon bennetti

笨氏蝶魚（法國蝶）

　　體色深黃，擁有白邊的黑斑紋為其特徵。以珊瑚蟲為主食的魚，不易就食。將剁碎的活貝塗抹在裝飾珊瑚上，讓魚飛奔前來食用，這是較理想的做法。個性溫馴，不易買到，且不易飼養。

分　　　布	印度洋～太平洋
大　　　小	10～15cm
飼養難易度	難

專　　欄
COLUMN

珊瑚的打鬥

　　一動也不動的珊瑚，為了生存，也會以自己的方式作戰。主要武器，乃是用來消化植物的器官「隔膜絲」，以及專門用以搏鬥的「觸手」。請仔細觀察異種珊瑚之間接觸時的情形，搏鬥主要於夜間進行。伸長隔膜絲想要消化對方，或伸出長長的觸手，以刺胞傷害對方。戰勝的珊瑚覆蓋在對方身上，不斷地成長。

高鰭蝶魚（大斑馬）

Coradion altivelis

背鰭、尾鰭較大，為雜食性魚，易就食，喜歡蛤仔、小蝦等生餌。個性溫馴，要避免與個性激烈的魚類混泳。

分　　布	西太平洋
大　　小	13～15cm
飼養難易度	易

立旗鯛（關刀）

Heniochus intermedius

類似鬼立旗鯛，但是，這種魚的黃色較強，臉部的黑帶較粗，為雜食性，易就食，喜歡蛤仔、小蝦等生餌。強壯，容易飼養。

分　　布	紅海
大　　小	15～20cm
飼養難易度	易

單斑蝶魚（ 一點清 ）

Chaetodon unimaculatus

體側有黑色斑點，以蛤仔等活貝餵食。較神經質，因此，要給予珊瑚礁等能夠安靜藏身的場所。

分　　　布　　印度洋～太平洋
大　　　小　　10～18cm
飼養難易度　　普通

曲紋蝶魚（ 天皇蝶 ）

Chaetodon baronessa

是經常吃珊瑚蟲的蝶魚中較易就食的一種。尤其是小型的個體，以剁碎的蛤仔等生餌隨波逐流，會引起牠的食慾。

分　　　布　　中～西太平洋
大　　　小　　10～13cm
飼養難易度　　難

Chrysiptera hemicyanea

黃尾雀鯛

強壯，易就食，容易飼養。藍色的體色有黃色的尾鰭，十分可愛，受人歡迎。經常在大自然的海中展開團體行動，在水槽內會建立勢力範圍，宜注意。

分　　布	西太平洋
大　　小	3～4cm
飼養難易度	普通

Chrysiptera cyanea

藍雀鯛（藍魔鬼）

是最易買到的雀鯛。色澤美麗，強壯，易飼養。但有勢力範圍意識。狀態不良時，體色泛黑。

分　　布	印度洋～西太平洋
大　　小	3～5cm
飼養難易度	易

青衣雀鯛（水銀燈）

Chromis viridis

強壯，易飼養，也易得手。是個性最溫馴的雀雕，不會攻擊其他的魚，適合混泳。群魚悠游到中～上層時，因光線的變化，會從藍色變成綠色，美麗的體色受人歡迎。

分　　布	西太平洋
大　　小	3～6cm
飼養難易度	易

專　　欄
COLUMN

半夜的魚類

　　通常，魚都是在白天活動，晚上休息。大部分的魚，配合生理的興奮程度，體色會產生變化。不過，在活動或休息時，卻不會出現變化。在熟睡時，有的體色泛黑，看起來不明顯；相反的，有的卻變為鮮艷的體色，或形成完全不同的體色。此外，在海中會遭遇敵人的攻擊，因此，會躲藏於岩石或珊瑚礁之間睡眠，抑或躲在砂中。夜晚觀察水槽，也許能發現與白天完全不同的魚類姿態。

Pomacentrus moluccensis
變色雀鯛

強壯，易飼養，使用生餌或人工飼料，都容易就食。是普通的雀鯛類，但不易買到。雖然會劃定勢力範圍，但是不會展開激烈的爭鬥。

分　　　布　　西太平洋
大　　　小　　3～5cm
飼養難易度　　易

Chrysiptera rex
帝王雀鯛（藍頭雀）

全身呈淡桃色，眼部、頭部有藍的條紋，大都與他種一起混合進口。使用人工飼料也能就食。不會爭奪勢力範圍，適合初次養魚者飼養。

分　　　布　　西太平洋
大　　　小　　3～4cm
飼養難易度　　易

黑雀鯛（厚殼仔）
Paraglyphidodon melas

成魚正如其名，全魚泛黑，為單色。但是，幼魚為銀白色，從頭到背部有黃色線條。腹鰭和尾鰭有黑色和藍色線條。成魚逐漸展現攻擊性，需要注意。

分　　布	印度洋～西太平洋
大　　小	3～5cm
飼養難易度	易

三斑光鰓雀鯛（三點白）
Dascyllus trimaculatus

全身為黑色，但是有3個白點，隨著成長，白點漸淡。幼魚成群行動，長大之後，各自分散。易飼養，但是水槽的空間要大一些。幼魚會生活於海葵的周邊。

分　　布	西太平洋
大　　小	3～5cm
飼養難易度	易

Dascyllus reticulatus
網紋光鰓雀鯛（二間雀）

　易飼養，生餌或人工飼料都能就食。身體與口皆小，因此，細餌要分數次給予。雖稱不上是華麗的魚，但很強壯，適合初次養魚者的飼養。

分　　布	印度洋～西太平洋
大　　小	3～5cm
飼養難易度	普通

Dascyllus aruanus
三帶光鰓雀鯛（三間雀）

　易得手，強壯，易飼養，也容易就食。黑白呈強烈對比，受人歡迎。在大自然的海中，群居而生。不過，在水槽內，卻會開始爭鬥。成魚的攻擊性更強。

分　　布	印度洋～西太平洋
大　　小	3～5cm
飼養難易度	易

四帶光鰓雀鯛（四間雀）

Dascyllus melanurus

類似三帶光鰓雀鯛，但是尾鰭出現第4條條紋，容易辨認。易飼養、易就食。不過，個性偏激好鬥，宜注意。

分　　布	西太平洋
大　　小	3～5cm
飼養難易度	普通

霓虹雀鯛

Paraglyphidodon oxyodon

黑底出現一條如彩虹的線條，故有此命名。易飼養、就食，但是好鬥爭，因此，在小型水槽中要注意複數飼養的問題。

分　　布	西太平洋
大　　小	3～6cm
飼養難易度	普通

史氏雀鯛（黃背雀）

Chrysiptera starcki

正如其名，藍色的體色，背部卻是黃色的。個性激烈，與美麗的外形完全不搭。即使同種間，也會產生激烈鬥爭，因此，不宜在小型水槽中進行複數的飼養。只要1條，就充分具有存在感。

分　　布　　西太平洋
大　　小　　3～5cm
飼養難易度　　普通

燕尾雀鯛

Paraglyphidodon nigroris

成魚為灰褐色，顏色並不顯眼，不過，各鰭很長。在店中所看的鑑賞魚，則是黃色的體色，有2條黑色的直紋，這是可愛的幼魚，也吃人工飼料，容易飼養。

分　　布　　印度洋～西太平洋
大　　小　　3～5cm
飼養難易度　　普通

三帶雙鋸蓋魚（小丑）

Amphiprion clarkii

與海葵共生，是著名的魚。可在水槽內觀察其共生生活。購買新魚時，因為會建立勢力範圍，故要先取出海葵與魚，重新放入。

分　　布　　波斯灣～西太平洋
大　　小　　3～8cm
飼養難易度　　易

眼斑海葵魚（公子小丑）

Amphiprion ocellaris

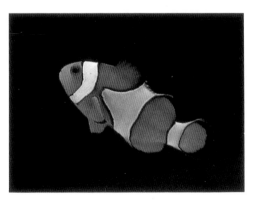

可愛、個性溫馴的海葵魚。小型、膽怯，因此不適合和其他的海葵同居。如果體色泛黑，或折疊魚鰭躲在水槽一角不游泳時，就表示狀態不佳，宜注意。

分　　布　　西太平洋
大　　小　　3～5cm
飼養難易度　　普通

Amphiprion frenatus

紅小丑

　　為海葵魚的同類中較大型者。母魚比公魚更大且黑，易區別。飼養容易，但是成為大型魚時，個性激烈，有時在海中也會攻擊人類。海葵魚類最著名的特徵是公魚可進行性轉換，成為母魚。

分　　　布	東非～西太平洋
大　　　小	4～8cm
飼養難易度	易

專　　欄
COLUMN

自己無法生存的共生關係

　　在海中可以看到各種共生關係，大致可分為①雙方都有利益；②只有單方獲利；③對一方有利，對另一方有害。等三種類型。海葵魚是躲藏在海葵中，保護自身，避免捕食者捕捉，並趕走海葵的捕食者，因此，建立①的關係。此外，有些魚類並不會特別報恩，因此是屬於②的關係。③的關係則稱為寄生。被其他魚類寄生，當然會覺得很麻煩。

粉紅海葵魚（咖啡小丑）

Amphiprion perideraion

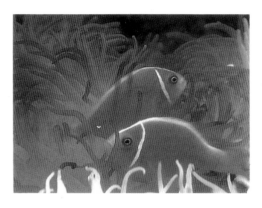

鰓蓋上的白線條，以及眼睛周圍的金環為其特徵。個性溫和，可與他種魚類同居。在海中，以海葵為主，經常出現公魚、母魚和孩子們一起生活的場面。

分　　布　西太平洋
大　　小　3～6cm
飼養難易度　普通

藤紅海葵魚（鞍背小丑）

Amphiprion polymnus

小型的個體，性情並不激烈，容易就食、飼養。一旦習慣於水槽的環境，就可以和其他的同型魚混泳。在海葵中，特別喜歡疣藍子海葵。

分　　布　西太平洋
大　　小　3～7cm
飼養難易度　普通

Pseudanthias pleurotaenia
方斑花鱸（紫印）

雌雄色彩不同，母魚為桃色體色，公魚則呈鮮紅色的體色。體側有四方形的粉紅斑紋。在花鱸類中屬於大型魚類，能與大型魚混泳。

分　　布　　西太平洋
大　　小　　8～10cm
飼養難易度　　普通

Pseudanthias pascalus
游牧花鱸（鱠仔魚）

粉紅的體色，燦爛奪目，別稱「珍珠皇后」。略帶神經質，但習慣水槽之後，卻是強壯的魚。和活珊瑚一起飼養時，能使水槽變得富麗堂皇。

分　　布　　西太平洋
大　　小　　7～10cm
飼養難易度　　難

Pseudanthias squamipinnis
金花鱸（海金魚）

是花鱸類中最易得手的大眾化魚。雌雄色彩多變化。在尚未習慣環境之前，會躲在陰暗處。狀態不良時，會隱藏在水底，宜注意。

分　　　布　　紅海～印度洋～西太平洋
大　　　小　　4～8cm
飼養難易度　　普通

Pseudanthias lori
紅星花鱸

淡底色帶有深紅色斑紋的魚。較神經質，因此佈置的環境宜複雜些，或與活珊瑚一併飼養較為理想。少量餵予細生餌或冷凍小蝦。

分　　　布　　太平洋
大　　　小　　4～7cm
飼養難易度　　難

Pseudanthias evansi
黃背粉紅花鯉

擁有美麗的粉紅與黃色,為花鯉的一種。有些神經質。在清洗水槽須取出魚時,勿使花鱸、花鯉的身體因跳動而受傷或跳出。

分　　布　　印度洋
大　　小　　5～8cm
飼養難易度　　難

Gramma loreto
美國草莓

產於加勒比海的准雀鯛類。易就食,習慣之後,可以接受人工飼料。為溫馴的魚類,但是,同種之間會鬥爭,所以除了養一對之外,勿進行複數飼養。

分　　布　　加勒比海
大　　小　　3～5cm
飼養難易度　　普通

Cephalopholis miniata
紅鱠（紅格仔）

可以在南日本海看到這種魚類。紅色的身體擁有藍色的水珠斑點，為其特徵。具有躲藏於岩縫中的習性，什麼都能吃，小魚也能吃，宜注意混泳魚類的尺寸。

分　　　布	印度洋～西太平洋
大　　　小	10～20cm
飼養難易度	易

Cromileptes altivelis
鰦魚（老鼠斑）

在水族館，可以看到50cm以上的大型魚類，店內的魚多半為5～20cm左右。貪吃，成長快速。注意避免牠吃其他同居的魚類。

分　　　布	印度洋～西太平洋
大　　　小	5～20cm
飼養難易度	易

Plectropomus laevis
粗黑斑魚

幼魚的鰭帶黃色，有6條黑橫帶。成魚的體色由暗紅轉為暗綠色。體長為1m左右。什麼都能吃，體型較大，勿與小型魚類混泳。

分　　布	印度洋～太平洋
大　　小	10～30cm
飼養難易度	易

Calloplesiops altivelis
孔雀七夕魚（鬥魚）

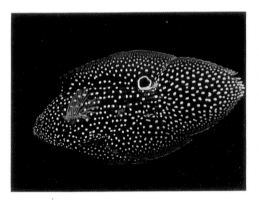

各鰭都很大，黑底上有白點，十分美麗。游動緩慢，宜避免與好動的魚混泳。此外，也要避免與能夠吃進嘴巴大小的小魚同居。有躲藏在岩石陰暗處的習性。

分　　布	印度洋～西太平洋
大　　小	8～12cm
飼養難易度	難

Pseudochromis diadema
雙色草莓

易得手，也容易飼養，先用生餌餵食，再給予人工飼料等，如此較易就食。個性激烈，同種間也會展開激烈鬥爭，故避免飼養2條以上。會攻擊形狀或顏色類似的魚。

分　　布　　西太平洋
大　　小　　3～5cm
飼養難易度　　易

Pseudochromis porphyreus
紫准雀鯛（草莓）

最大眾化的准雀鯛，容易飼養與就食。不過，和其他的准雀鯛一樣，個性激烈，同種間會產生激烈鬥爭。美麗的紅色，受人歡迎。但是，光亮不足時，體色會退色。

分　　布　　西太平洋
大　　小　　3～5cm
飼養難易度　　易

蓋馬氏鸚鯛（紅龍）
Coris gaimard

以紅色為基調的幼魚，以及帶有藍點的綠褐色調的成魚，都是受人喜愛的鑑賞魚。幼魚的口較小，因此，要給予切碎的生餌。白天拼命地游泳，晚上則躲在砂中睡覺。

分　　　布	印度洋～太平洋
大　　　小	5～20cm
飼養難易度	普通

燕尾狐鯛（燕尾龍、燕尾鸚哥）
Bodianus anthioides

在店中非常暢銷的大型個體，可與同樣尺寸的魚混泳。為美麗鸚鯛的同類，但具泳性，不像其他的鸚鯛，喜歡躲在砂中。嗜愛生餌。

分　　　布	印度洋～西太平洋
大　　　小	5～12cm
飼養難易度	普通

Gomphosus varius

突吻鸚鯛（尖嘴龍）

公魚的體色並不美麗，但是大型的母魚為深綠色。雌雄皆具有長長的口，為其特徵。愛吃生餌，也吃活的小蝦、小魚，或要注意混泳的魚類。

分　　布	印度洋～西太平洋
大　　小	10～15cm
飼養難易度	普通

Bodianus axillaris

腋斑狐鯛（白尾龍）

身體中央有黑點，因而得名。幼魚是黑色的體色夾雜白斑紋。在珊瑚礁處經常可見這種魚類。以珊瑚礁的縫隙為藏身之處。屬雜食性，易就食，是容易飼養的魚類。

分　　布	印度洋～西太平洋
大　　小	8～12cm
飼養難易度	易

Labroides dimidiatus

藍帶裂唇鯛（魚醫生）

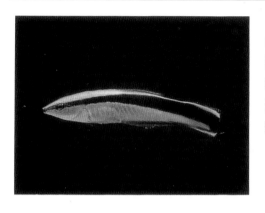

會吃靠近其他魚類的寄生蟲，是著名的清潔工魚。在水槽內，可觀察其清掃其他魚的情形。有時，會鑽入細小縫隙中，清掃時宜注意。

分　　　布	南非～西太平洋
大　　　小	5～7cm
飼養難易度	易

Halichoeres chrysus

金色儒艮鯛（黃龍）

體色鮮黃，易買到。易就食，個性溫和，能夠進行複數飼養，是適合初次養魚者飼養的魚類。類似種是分在在印度洋及亞洲的H・leucoxanthus。

分　　　布	西太平洋
大　　　小	6～8cm
飼養難易度	普通

Pseudocheilinus hexataenia
六帶擬鸚鯛（六線龍）

擁有美麗的顏色，是頗具特徵性眼睛的小型魚。同種之間也會爭鬥，要利用活珊瑚等佈置水槽。以此魚類為水槽中的重點加以飼養。會大量食用細的生餌。

分　　布	印度洋～太平洋
大　　小	4～5cm
飼養難易度	普通

Bolbometopon bicolor
白鸚哥魚

幼魚不論雌雄，都有顯著不同的斑紋。買到的個體幾乎都是幼魚。個性溫馴，喜歡生餌。但是，習慣就食得花一段時間，最好在別的水槽中就食，或與個性溫和的魚一同飼養。

分　　布	印度洋～太平洋
大　　小	4～8cm
飼養難易度	普通

Lienardella fasciata

七線鸚鯛

店中出售的,幾乎都是15cm左右的魚。可與大型魚同居。喜歡游泳,色彩華麗,在水槽內十分醒目。喜歡生餌,但也吃南極蝦。

分　　布　　印度洋～太平洋
大　　小　　12～15cm
飼養難易度　　普通

Bodianus pulchellus

古邦鸚鯛

棲息於大西洋的代表性鸚鯛,有紅、白、黃三色。幼魚全身為黃色,不同於成魚的體色。最好餵予生餌。喜歡蝦蟹,故不可與甲殼類同居。

分　　布　　大西洋
大　　小　　8～20cm
飼養難易度　　普通

Paracanthurus hepatus
藍倒吊

為三棘天狗鯛的同類，也是大衆化的魚類。幼小時爭鬥心不強，然成長後，會與同屬的魚展開鬥爭。為雜食性，勿忘記給予植物性的餌食。

分　　布	印度洋～太平洋
大　　小	5～15cm
飼養難易度	普通

Zebrasoma flavescens
黃倒吊

小時候不成問題，但是長大後，會與同屬的魚展開鬥爭。魚鰭可能會被咬得稀爛，因此要注意混泳的魚類。為雜食性，也會給予植物性的餌食。

分　　布	印度洋～太平洋
大　　小	10～15cm
飼養難易度	普通

Acanthurus lineatus
藍線粗皮鯛（紋倒吊）

與其他的三棘天狗鯛的同類相比，略帶神經質，但是，很快即能就食。如果怠忽餵食，很快就會消瘦。體調不良時，條紋變淡或泛白。

分　　布	印度洋～太平洋
大　　小	10～20cm
飼養難易度	普通

Acanthurus glaucopareius
日本粗皮鯛（花倒吊）

喜歡吃自然界的藻類，因此要多給予植物性的餌食。怠忽餵食，很快就會消瘦，宜注意。狀態良好時，黑褐色的體色上會出現明顯的黃色線條。

分　　布	太平洋
大　　小	15～20cm
飼養難易度	普通

Naso lituratus

古都天狗鯛

習慣於水槽的環境後，就會活潑地來回游泳，適合飼養於大型水槽中。屋鰭根部有如同裁刀的鱗片，因此，換水或清掃而撈取魚時，要特別留意。

分　　　布	印度洋～太平洋
大　　　小	20～35cm
飼養難易度	易

Naso vlamingii

疊波粗皮鯛

尾鰭上下呈線狀長長地伸展，為其特徵。公魚在繁殖期要引誘母魚時，會變成美麗的綠色。餵食時，要均勻地給予動物性與植物性餵食。

分　　　布	印度洋～太平洋
大　　　小	10～15cm
飼養難易度	普通

Acanthurus leucosternon

粉藍倒吊

同於其他的三棘天狗鯛，容易就食。但是，因混泳的魚的不同，有時延遲食用。與其少數飼養，還不如多數飼養，較能強調美麗。

分　　布　　印度洋
大　　小　　15～20cm
飼養難易度　　普通

Acanthurus sohal

紅海騎士

和藍線粗皮鯛同樣，略帶神經質，因個體的不同，有的根本不吃餌食。愛吃藻類，故要多給予植物性的餌食。給予稍強的水流，能使其平靜。

分　　布　　紅海
大　　小　　10～20cm
飼養難易度　　普通

Zanclus cornutus

角蝶魚（神仙）

長長伸展的背鰭與突出的口為其特徵。能夠複數飼養，水槽中只放這種魚，就能享受視覺之樂。在習慣於水槽之前，幾乎不會吃餌食，故一開始要選擇較胖的個體。

分　　布　　印度洋～太平洋
大　　小　　15～20cm
飼養難易度　普通

Siganus vulpinus

吹火臭都魚（狐狸）

強壯，容易就食。背鰭有毒，換水或清掃時，勿徒手觸摸魚。在明亮處具有美麗的黃色，不過，一旦照明消失，會呈現暗黑色的體色。

分　　布　　西太平洋
大　　小　　15～20cm
飼養難易度　易

Nemateleotris magnifica
絲鰭塘鱧（雷達・火鰕虎）

懸停在水中，揮動長長的背鰭，姿態可愛，是受人喜愛的魚。易就食、易飼養。但是，同種間會產生激烈競爭。當魚鰭受傷時，要特別注意。

分　　布	印度洋～西太平洋
大　　小	5～6cm
飼養難易度	易

Nemateleotris decora
紅尾塘鱧（紫雷達）

與絲鰭塘鱧同樣容易就食，但個性膽怯，會藏於岩石或珊瑚礁的縫隙之間。習慣於水槽之後，同種之間會鬥爭，因此，要少數飼養，多佈置一些藏身處。

分　　布	印度洋～太平洋
大　　小	5～6cm
飼養難易度	易

藍紋范氏鰕虎（紅蜂塘鱧）

Valenciennea strigata

這種魚會將沙含在口中以過濾餌食，待習慣之後，才會直接吃餌食，會到處挖沙，沾上沙的青苔較不顯眼。不過，不適合底面過濾的水槽。

分　布	西太平洋
大　小	5～8cm
飼養難易度	易

專　欄
COLUMN

雌雄的故事

　　魚類之中，雌雄體色不同者極多，甚至有一些會被誤以為是不同種的魚類。或者有的會在中途出現「變性」，其關鍵因魚種類的不同而有不同。公魚變母魚，或母魚變公魚是已經決定好的。鸚鯛或花鱸的同類也會出現變性。飼養時，也可以觀察具有雌雄特徵而進行變性的個體。

Ptereleotris evides
協和塘鱧（噴射機）

體色並不顯眼，然具有獨特的鰭。鰭擴張時的姿態極美，因此是受人歡迎的塘鱧。與其少數飼養，還不如多數飼養，較為美麗。受到驚嚇時，會躲藏到岩石或珊瑚礁的縫隙內。因此，餵食時要留意。

分　　布	印度洋～西太平洋
大　　小	5～8cm
飼養難易度	普通

Gobiodon okinawae
黃身珊瑚塘鱧

常於岩石或珊瑚礁附近游泳，有時，會突然懸停於某處，全身為黃色，易就食，但因其很小，故要勤於餵食。此外，也不適合與大型魚類混泳。

分　　布	印度洋～太平洋
大　　小	2～3cm
飼養難易度	普通

Signigobius biocellatus

蟹塘鱧

口中含沙，由鰓吐出，過濾餌食來吃。因此，要舖以細沙。在緩慢的水流中，會張開背鰭，懸停在那兒時，可以看到眼狀的黑色斑紋。

分　　　布	西太平洋
大　　　小	3～8cm
飼養難易度	普通

Ptereleotris zebra

鬚塘鱧（紅線噴射機）

個性膽怯，在不受到驚嚇時，較易就食。能夠複數飼養，具泳性，只要不與個性激烈或大型魚混泳，就能觀賞到其美麗的姿態。要勤於餵食。

分　　　布	印度洋～太平洋
大　　　小	5～8cm
飼養難易度	易

Gobiosoma oceanops
霓虹鰕虎

為體形極小的塘鱧，不適合與會吃魚的魚類混泳。此外，因為個性溫和，故也不適合與喜歡爭食的魚共生。

分　　　布	西太平洋
大　　　小	2～4cm
飼養難易度	普通

Amblyeleotris fasciata
紅頸塘鱧

具有美麗的紅白色條紋。個性溫和，能與他種魚類混泳。餵予剁碎的生餌，較易就食。在松蝦所挖的巢穴中生活，為共生型的塘鱧。

分　　　布	西～南太平洋
大　　　小	5～6cm
飼養難易度	普通

眼帶鳚（金鰭鳚）

Meiacanthus atrodoralis

一旦習慣水槽的環境，就會活潑地悠游於水槽中。不過，飼養之初，不會離開躲藏的縫隙，同種間也會鬥爭。因此，複數飼養時，要充分給予藏身處。

分　　布　　中～西太平洋
大　　小　　4～6cm
飼養難易度　　普通

雙色蛙鳚

Ecsenius bicolor

能夠吃青苔的珍貴魚類。將各處青苔整個剝下而食，是這種魚的工作。習慣後，也能吃人工飼料。非常強壯，一旦光線不足，美麗的顏色會變淡，宜注意。

分　　布　　印度洋～西太平洋
大　　小　　4～6cm
飼養難易度　　普通

Atrosalarias fuscus holomelas

印度蛙鳚

體色不顯眼，愛吃青苔，比雙色蛙鳚食用更多的青苔。由於勢力範圍意識強烈，因此，進行複數飼養時，要給予複雜的佈置。

分　　布　印度洋～西太平洋
大　　小　5～7cm
飼養難易度　易

Oxycirrhites typus

管鷹斑鯛

與其他的斑鯛相比，不易就食。在斑鯛中，具有獨特的體形、體色，為略帶透明的白色加鮮艷的紅色條紋，是受人歡迎的魚類。喜歡稍強的水流。

分　　布　印度洋～太平洋
大　　小　8～13cm
飼養難易度　普通

馬蹄鷹斑鯛（白線格）

Paracirrhites arcatus

易買到，也是受人喜愛的斑鯛。眼睛四周有紅色和橘色的線條。班鯛類的勢力範圍意識極強，會產生激烈鬥爭，不宜複數飼養。

分　　布　　印度洋～太平洋
大　　小　　6～10cm
飼養難易度　　易

紅鷹斑鯛

Neocirrhites armatus

為較大型的斑鯛，和其他斑鯛一樣，容易就食，強壯、易飼養。不過，勢力範圍意識極強，不適合複數飼養。長時間飼養時鮮紅色的體色會變淡。

分　　布　　西太平洋
大　　小　　8～10cm
飼養難易度　　易

Taeniura·lymma

魟　魚

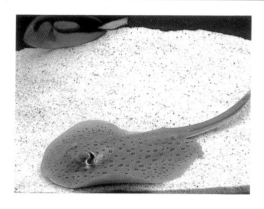

棲息在珊瑚礁的沙地上，因此，水槽中一定要舖沙，只要給予蛤仔等生餌，能輕易就食。不過，對水質敏感，換水時宜注意。尾部有毒刺，移動時要小心。

分　　　布	印度洋～太平洋
大　　　小	40～50cm
飼養難易度	普通

Rhinomuraena quaesita

鼻鬚海鰻

不易就食，要花較長的時間。習慣後，可給予南極蝦等乾燥餌食。易受傷，移動時，不可直接以手用力握住，或用較粗的網子摩擦。

分　　　布	中～西太平洋
大　　　小	1～1.2cm
飼養難易度	難

Aeoliscus strigatus

條紋蝦魚（刀片魚）

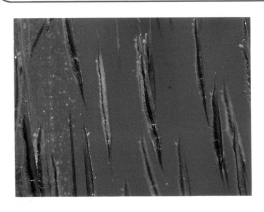

是只要能夠得到餌食就能夠飼養的種類。要勤於餵食人工孵化的小蝦。習慣之後也可將人工飼料磨碎隨水漂動，以引起牠的食慾。吃餌食時會發出「啪嘰、啪嘰」的聲音，為其特徵。

分　　　布	印度洋～西太平洋
大　　　小	8～10cm
飼養難易度	難

Aulostomus chinensis

中國管口魚（海龍鬚）

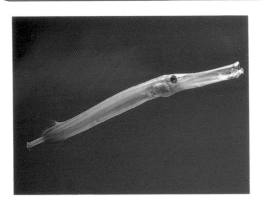

以長長的口吸住小魚，整個吞下口。能夠從容地吃下像雀鯛般大的魚，因此，要考慮水槽的佈置。習慣環境之後，也吃附在棒子前端的生餌。

分　　　布	印度洋～太平洋
大　　　小	20～40cm
飼養難易度	難

Dunckerocampus dactyliophorus
黑環海龍（海龍）

　　紅褐色與白色的條紋十分美麗，受人喜歡。因為吃浮游生物，故不易得到餌食，是較難飼養的種類。除了給予孵化的小蝦以外，也可以捕捉其他的小蝦餵食。

分　　布	西太平洋
大　　小	10～15cm
飼養難易度	難

Phyllopteryx taeniolatus
澳洲海馬

　　為澳洲固有的海馬的同類，餌食不易到手，同時，非常神經質，一旦受到驚嚇，就會拼命地游泳，衝撞水槽，甚至折斷口尖。因此，要飼養於大型的水槽中。

分　　布	澳洲西部
大　　小	20～30cm
飼養難易度	難

Hippocampus histrix

薔薇海馬

幾乎不吃人工飼料，但是餌食也難以得到。可檢拾海邊的蝦或小魚餵食。其中，有的海馬會吃冷凍小蝦。夏天水溫太高時，體調不佳，宜注意。

分　　布　　印度洋～西太平洋
大　　小　　8～10cm
飼養難易度　　難

Phrynelox tridens
躄魚（五腳虎）

會揮動背鰭叫喚小魚。能吃與自己同樣大小的魚，故要選擇大型魚混泳。最初餵予小魚，習慣之後再以棒子尖端勾住生餌，使餌食隨波逐流，以引起牠的食慾。

分　　布	印度洋～西太平洋
大　　小	10～20cm
飼養難易度	普通

Lutjanus sebae
川紋笛鯛（嗑頭）

強壯，易就食，適合初次養魚者飼養。但是，成長迅速，因此，一開始就要飼養於大型的水槽中。會吃小魚，故要選擇較大型的魚混泳。

分　　布	印度洋～中太平洋
大　　小	8～20cm
飼養難易度	易

Symphorichthys spilurus
紋身笛鯛（魟鰉）

是適合與大型魚混
泳的魚類。逐漸成長後
，體側會出現藍條紋。
擅長游泳，飼養於大型
的水槽中，較能保持安
靜。

分　　布　　西太平洋
大　　小　　10～15cm
飼養難易度　　普通

Plectorhynchus chaetodontoides
蝴蝶胡椒鯛（花旦）

需要花一段時間才
能就食。一旦就食後，
就能成為強壯的魚。幼
小時，要經常餵予較細
的餌食。一旦和個性激
烈的魚混泳，會躲在水
槽的一角。

分　　布　　印度洋～西太平洋
大　　小　　8～20cm
飼養難易度　　普通

Myripristis berndti

紅松毬（大目）

為魚食性魚類，因此，不宜和小魚混泳。易就食，在水槽內，飼養當天就會吃餌食。能適應水槽的環境，強壯，擅長游泳，能享受觀賞之樂。

分　　　布　　印度洋～太平洋
大　　　小　　10～20cm
飼養難易度　　易

Sphaeramia nematoptera

饅頭黃花魚

只在中層游泳為其特徵。易就食，但是總是較慢才發現餌食，故不能和活潑的魚一起餵食。較喜歡慢慢下沈的餌食。

分　　　布　　印度洋～太平洋
大　　　小　　4～6cm
飼養難易度　　易

Parupeneus barberinoides
黑頭海鯡鯉（彩虹秋姑）

會利用口下二條鬚找出沙中的餌食來吃。成長後，連雀鯛也會吃。在將魚放入水槽時，最後才放入這種魚類。

分　　　布　　印度洋～西太平洋
大　　　小　　3～10cm
飼養難易度　　普通

Equetus lanceolatus
千斤頂刀魚

為加勒比海固有種，個性溫馴，不適合和活潑魚或個性激型的魚混泳，否則難以就食，會撿拾落在水底的餌食來吃，因此要給予沈性餌食，或適合口大小的餌食。

分　　　布　　加勒比海
大　　　小　　8～12cm
飼養難易度　　普通

Gnathanodon speciosus
黃條紋鰺

　　會在表層活潑地游泳。幼小時，因為經常游泳，所以容易飢餓，要勤於餵食。成長迅速，最好一開始就養在較大的水槽中。

分　　　布	印度洋～太平洋
大　　　小	5～15cm
飼養難易度	易

Enoplosus armatus
老婆魚

　　在自然界過著群居的生活，因此，最好多數飼養。就食不易，食量小，要勤於餵食。讓餌食隨波逐流，較能引起牠的食慾。

分　　　布	澳洲西部
大　　　小	5～20cm
飼養難易度	普通

Platax teira
長翅燕魚（蝙蝠）

常見的是10cm左右的茶褐色幼魚。一旦和個性激烈的魚混泳，魚鰭經常受傷。易就食，長得快，要配合成長而增加餌食。

分　　布	印度洋～西太平洋
大　　小	5～15cm
飼養難易度	普通

Monodachtylus argenterus
姬燕魚（銀鯧）

銀色體色閃耀生輝，活潑地游動於水槽中，十分可愛。強壯，可和他種魚混泳。只要單獨多數飼養，一起游動時，就能增添水槽的華麗。

分　　布	印度洋～西太平洋
大　　小	10～15cm
飼養難易度	易

圓翅燕魚（金邊蝙蝠）

Platax pinnatus

　　朝上下伸展的身體，以及邊緣帶鮮艷橘色的黑色體色，非常的美麗，給予強勁的水流時，魚鰭可能會被衝壞，宜注意。神經質，不易就食，故一開始要選擇較胖的個體。

分　　布　　印度洋～西太平洋
大　　小　　7～13cm
飼養難易度　　難

錦紋魚（青蛙）

Pterosynchiropus splendidus

好像在水底滑行似的游泳，感覺突然要停止時，卻在中層懸停，行動怪異。會吃落在水底的餌食，因此，要給予較細的沈性餌食。易消瘦，故要勤於餵食。

分　　布	西太平洋
大　　小	4～6cm
飼養難易度	難

港灣魚（青蛙）

Neosynchiropus ocellatus

易消瘦，要勤於餵食。將少量的蚯蚓一點一點地放入水中，就能食用。具有強烈的勢力範圍意識，會產生激烈的鬥爭。複數飼養時，水槽的佈置宜複雜些。

分　　布	西太平洋
大　　小	4～6cm
飼養難易度	難

Balistoides conspicillum

花斑皮剝魨（小丑砲彈）

　　易就食，什麼都能吃，尤其愛吃藻類，故要給予植物性餌食。容易與人親近，可用手直接餵食，但是，牙齒尖銳，小心被咬。

分　　　布	印度洋～西太平洋
大　　　小	10～20cm
飼養難易度	易

Oxymonacanthus longirostris

長吻單棘魨（尖嘴砲彈）

　　朝下游泳，只有眼睛不斷地活動，是動作可愛的單棘魨。習慣後，乾燥的餌食也能吃。可進行複數飼養，但如果大小不同，或中途加入新的魚，就會展開爭鬥。

分　　　布	印度洋～西太平洋
大　　　小	5～6cm
飼養難易度	普通

Rhinecanthus aculeatus

陣雨花斑皮剝魨（鴛鴦砲彈）

會咬其他魚的魚鰭，要注意。受到驚嚇時，會藏身於岩石或珊瑚礁的縫隙中。豎立的背鰭可能卡在縫隙中難以拔出，這時，勿勉強拔出，要移動佈置，以利背鰭的活動。

分　　布	印度洋～太平洋
大　　小	7～15cm
飼養難易度	易

Odonus niger

紅皮剝魨（魔鬼砲彈）

藍紫色的體色，與名稱不符。經常來回游泳，最好飼養在大型的水槽中。什麼都能吃，但易消瘦，要勤於餵食。複數飼養，看起來更美。

分　　布	印度洋～太平洋
大　　小	8～15cm
飼養難易度	普通

觸角簑鮋（獅子魚）

Pterois antennate

鰭有毒，處理時要注意。和小型魚一起飼養時，會吃小型魚，故要注意混泳魚類的大小。在簑鮋的同類中，是屬於神經質的魚類。一旦就食，如果水改變，也會突然拒食。

分　　布	印度洋～太平洋
大　　小	8～13cm
飼養難易度	普通

專　　欄　COLUMN

海草與海藻

　　事實上，海草與海藻是不同種類的植物。兩種皆成長於海中，而會開花結果的是海草（稱為顯花植物），不開花的是海藻。海藻沒有根、莖、葉的區別。由身體表面直接吸收溶解於海水中的養分。在水槽中增添美麗綠意的，大都是這種海藻的同類。

Dendrochirus biocellatus

雙斑臂簑鮋（獅子魚、海象魚）

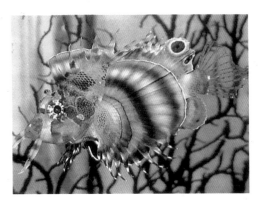

屬魚食性，因此不能和小魚混泳。給予小魚時，可輕易就食，如果在棒子前端附上生餌搖動給予時，也會前來就食。背鰭不停擺動的姿態，顯得十分生動。

分　　布	印度洋～太平洋
大　　小	4～7cm
飼養難易度	難

Pterois volitans

魔鬼簑鮋（長獅、魔鬼）

以大胸鰭追過小魚，並且整體吞下。因此，不適合與小型魚混泳。容易就食，習慣後，也可餵予乾燥餌食。魚鰭有劇毒，要小心。

分　　布	印度洋～太平洋
大　　小	10～20cm
飼養難易度	易

Lactoria cornuta

金鋼鎧魨（牛角）

頭部突出的二個角為其特徵。活動遲頓，以小口吃餌食，不適合與活潑的魚混泳。體表釋出的毒粘液會危害其他的魚類。

分　　　布　　印度洋～西太平洋
大　　　小　　5～10cm
飼養難易度　　普通

Diodon holocanthus

六斑刺河魨（氣球魚）

易飼養、易就食，牙齒銳利，會咬其他魚的魚鰭，常吃雀鯛等小型魚，故不適合混泳。生氣時，身體會膨脹，體表的刺會倒立。

分　　　布　　世界的溫帶域～熱帶域
大　　　小　　15～20cm
飼養難易度　　易

黑點河魨（狗頭）

Arothron nigropunctatus

色彩變化顯著，從茶褐色到黃色不一。為雜食性，略微膽怯。尚未習慣於水槽的環境時，會躲在岩石等縫隙處。

分　　布	印度洋～西太平洋
大　　小	10～15cm
飼養難易度	普通

駱駝鎧魨（狗頭）

Tetrosomus gibbosus

有時魚眼突出。此外，有時身體會夾在佈置的裝飾品縫隙間，動彈不得。會釋出毒液，危害同居魚類。動作遲頓，不適合與活潑的魚混泳。

分　　布	印度洋～西太平洋
大　　小	5～10cm
飼養難易度	普通

Anoplocapros　lenticularis
白紋鎧魨

公魚有橘色和白色條紋，母魚有白底茶褐色條紋，為澳洲固有種。略帶神經質，就食的時間較晚。此外，水溫較高時，體態不良，故水槽內要維持20～22℃的溫度。

分　　布　　澳洲西～南部
大　　小　　8～12cm
飼養難易度　普通

Arothron　hispidus
腹紋白點河魨（白點河魨）

身體上覆蓋小刺，體色依狀況不同而變濃或變淡。屬雜食性，易就食，也容易與人親近，會對人撒嬌。

分　　布　　印度洋～西太平洋
大　　小　　5～20cm
飼養難易度　易

水槽的青苔清除者
（寶貝的同類）

　　在照明或陽光會直接照到的水槽中，較易生青苔，玻璃變髒，不易處理。這時，可以依賴寶貝的同類。牠們是屬於「腹足類」的貝類，鮑魚、蠑螺也屬這一類。其足扁平，能附著於炭石中。其口由伸縮自如的筒狀嘴唇前端伸出稱為「齒舌」的齒，可以吃掉附著在岩石表面的藻類。當牠們附著在水槽的玻璃面時，請仔細觀察，就會發現附著在玻璃上的圓嘴唇中央裂縫伸出「齒舌」來。這些寶貝類本身很乾淨，同時也會清除水槽內的青苔，的確是令人感謝的貝類。到水族館參觀時，也請你們關心牠們一下，仔細地找尋他們的行踪吧！

美人蝦

Stenopus hispidus

　　最大眾化的蝦類。在有魚的水槽內，會吃掉附著在魚表皮上的寄生蟲，具有「清潔工」的作用。在一個水槽中，不宜進行複數飼養。

飼育難易度　普通

白襪蝦

Lysmata debelius

　　觸角和胸腳前端為白色，好像穿著白襪似的，因而有此名稱。對於水質的變動十分敏感，移動時要注意。可進行複數飼養。

飼育難易度　易

清潔蝦

Lysmata amboinensis

為大眾化的蝦類。背部有紅白線條，形成美麗的體色。和櫻花蝦同樣，為魚的清潔工。可以複數飼養。

飼育難易度　易

海葵蝦

Hymenocera picta

會附著在海星類動物上，並且吃海星。螯腳像袖子一般，長而平坦。喜歡吃瘤海星等。

飼育難易度　普通

尼羅河珊瑚

Catalaphyllia jardinei

　　白天伸出長管狀的息管,看起來有如海葵。能保持飼養水的潔淨。可用強烈的照明照射。以剁碎的冷凍小蝦為餌食,一週1~2次用滴管如吹入觸手似地餵食。

飼育難易度　難

花傘石珊瑚（單胞）

Goniopora lobata

　　白天時,大的息管會伸長。多數的石珊瑚體內有褐蟲藻共生,在其進行光合作用時,珊瑚本身能有效地交換能量。因此,要擱置在照明強烈而穩定的場所。

飼育難易度　難

水滴珊瑚（泡泡）

Plerogyra sinuosa

白天如葡萄串般地膨脹，夜晚收縮，伸出觸手。一週1～2次，利用滴管好像吹入息管似地餵食剁碎的生餌。在觸手伸長時，也可餵食。

飼育難易度　普通

小花珊瑚

Cynarina lacrymalis

觸手的前端好像樹枝分開一樣，白天也會伸長。具有類似流花珊瑚的骨骼。在觸手收回的狀態下，難以辨認，需以強光照射。

飼育難易度　普通

小枝流花珊瑚（真珠）

Euphyllia divisa

觸手的前端好像樹枝分開一樣，白天也會伸長。具有類似流花珊瑚的骨骼。在觸手收回的狀態下，難以辨認，需以強光照射。

飼育難易度　普通

磁碟珊瑚

Discosoma sp.

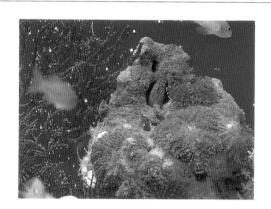

是具有石灰質骨骼的六放珊瑚的同類，屬「擬海葵科」。以足盤固定在岩石上，但是不能像海葵那般地來回走動。用強光照明，給予剁碎的生餌。

飼育難易度　難

紅海葵

Monomyces uchiuraensis

外表似海葵，但卻是單體性的珊瑚。息管呈鮮艷的紅色，在水槽內非常顯眼，棲息在較深的海中，因此，要保持20度左右的水溫。

飼育難易度　普通

太陽花

Tubastraea faulkneri

息管為橘色或黃色。請擱置在水流較強處。要勤於餵食。最初在天黑之後於決定好的時間內餵食，慢慢地自然就會在夜晚伸長觸手。

飼育難易度　難

豆沙海藻

Zoanthus sp.

是具有石灰質骨骼的六放珊瑚類。在岩石上觸手短小的息管會張開。餌食也要配合息管的大小,將生餌剁碎,用滴管餵食。要給予強烈的照明。

飼育難易度　普通

珊瑚海葵

Entacmaea actinostoloides

是喜歡和海葵魚共生的海葵。觸手為奶油色,前端則為白、紫、粉紅等各種的顏色。要注意水質變化。餵食時,要將挖出的蛤仔肉纏在觸手上,一週餵食1～2次。

飼育難易度　普通

籃子海葵

Stichodactyla gigantea

觸手短，毒性強，處理時要注意。將挖出的蛤仔肉一週分1～2次餵食。

飼育難易度　普通

瘤海星

Protoreaster nodosus

棲息在內灣的沙地。體色因個體的不同而有差異。手臂中央有瘤，為其特徵。要勤於餵予挖出的貝殼肉。放在底部時，海星會覆蓋在食物上，從口伸出胃袋，進行體外消化。

飼育難易度　易

管　蟲

Sabellastarte japonica

　　為沙蠶的同類，頭頂有「鰓冠」這種器官，像花似地張開，住在自己所建立的管中。當水質驟變時，可能會自行切斷鰓冠，但可以再生。可塞入岩石間。

飼育難易度　普通

仙人掌草

Halimeda opunita

　　類似仙人掌，肉厚，具有圓形的相連葉。由於石灰質沈著於體表，因此既乾且白。光不足時，立刻會枯萎，宜注意。

飼育難易度　普通

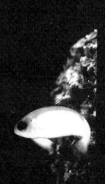

第　3　章

飼養的方法與日常管理

高明的器具選擇法

　　要將棲息在海中的生物飼養在空間有限
的水槽中時，必須選擇適當的器具、材料。
待一切備妥後，再開始飼養。畢竟你所準備
的水槽，對魚而言，是重要的居住空間，是
度過一生的場所。

選擇水槽

□首先決定水槽的素材

　　水槽的素材分為玻璃與丙烯二種。在十
年以前，還會看到很多玻璃板用較寬的不銹
鋼框固定著，但是，最近這種木槽難得一見
。

□不銹鋼框容易生銹

　　如果你想使用以前
用過的不銹鋼框水槽來
飼養海水魚的話，那麼
我勸你最好作罷。因為
這種不銹鋼框容易生銹
，而且以海水飼養魚類
時也一定會生銹，所以
最好還是使用新品。

不銹鋼的水槽不適合放入海水

　　最近的水槽框較細，或是前面沒有
框的水槽增加了，配合房間設計的水槽
也很多。如果店頭沒有，可以翻閱目錄
，仔細檢討。

□玻璃製好，還是丙烯製好？

　　如前所述，分為玻璃製與丙烯製，
當然各有千秋。

　　首先，玻璃水槽其水槽本身的重量
比丙烯水槽更大，放置或移動掃除較為
麻煩。

　　丙烯水槽較輕且堅固，但容易受損
。清掃時，用刷子等摩擦，可能會殘留
細痕，使表面混濁。在傷痕中，也可能
會滲入青苔。不僅在水槽內，在擦拭水
槽外的汚垢時，也會出現同樣的情況。

　　仔細考慮後再購買。若能加以保護
，則任何選擇皆可。

玻璃製水槽。不易受損

丙烯水槽。較輕易處理

□決定水槽的大小

　　水槽的尺寸不一。一般市售的標準
尺寸為30、45、60、75、90cm。

　　當然，可以訂做更大型者或市售尺
寸以外的水槽，但是，要考慮到安置大
型水槽場所的地面強度問題。大型水槽
也需要大型的過濾裝置與照明器具，市
售物可能不齊全。

　　小型的水槽容易處理，安置與換水
方面較為輕鬆。不過，考慮到魚類的壓
力與水質的穩定性等問題時，則小型水
槽的飼養管理比較困難。

　　至少要擁有60cm的尺寸。

選擇適合魚的大小與數目的水槽

選擇過濾裝置

　　很多人會打電話詢問水族館：「飼養魚需要過濾裝嗎？」答案是「絕對需要」，但是有時沒有時間說明其理由。似乎還是有不少人未察覺到，自然界的海洋擁有巨大的淨化機能。

□自然的海洋構造

　　如果視海洋為一個大水槽，那麼棲息在海洋中的生物，吃餌食，消化後會排泄，這個排泄物，則成為浮游生物等的餌食，或是由細菌加以分解。分解後的物質，成為營養源，再由浮游生物攝取，又成為大型生物的營養源。

　　海洋占地球70％的表面積。因此，像水族館這種大型水槽，與自然界的海洋相比，根本是微不足道的。但是，大型的水槽，則需要大型的過濾裝置。

　　過濾裝置，是保護水槽中生物生命的重要物質，因此務必要了解其構造，巧妙地加以管理。

自然的海洋是巨大的過濾裝置

□氨是魚類的大敵

　　水槽中的魚類吃餌食而成長，當然會出現排泄，而排泄物之中，含有很多有害的氨。在浩瀚的大海中，即使存在有害物，也能夠迅速脫逃。但生活在水槽中，就不能如此了，而必須有賴過濾裝置。只是，良好的過濾裝置，也無法消滅有害物質。那麼，該怎麼辦呢？

□減弱有害物質的過濾裝置

　　事實上，過濾裝置不僅能夠過濾大的塵埃，同時，也能夠減弱有害物質的毒性。能將排泄出的強毒性氨轉換亞硝酸，再將亞硝酸轉換為毒性較弱的硝酸。嚴格地說，是依賴過濾裝置中稱為過濾細菌的細菌之賜。這個過濾細菌稱為硝化細菌，是能在自然界幫助淨化的細菌。代表性的是，將氨變為亞硝酸的Nitrosomonas，以及將亞硝酸變為硝酸的Nitrobacter。

　　換言之，過濾裝置就是飼養能夠淨化飼養水的細菌的裝置。

過濾的構造

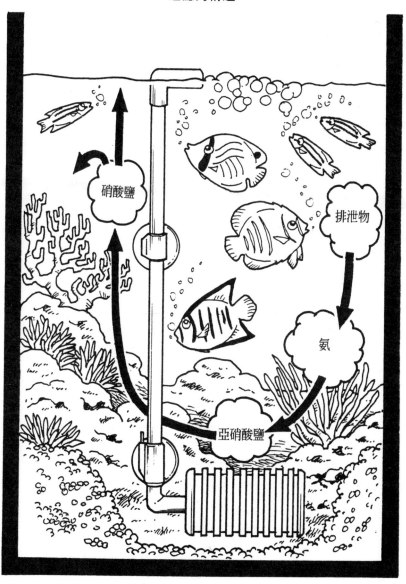

□過濾裝置的種類

過濾裝置具有各種形狀、系統,不能一概論定何者為佳。不過,大致分為如下四種:

- **底面過濾**
- **上部過濾**
- **溢流管式過濾**
- **外部密閉式過濾**

除此之外,還有其他的型態。也可進行複數組合,廣泛使用。不僅是水槽的尺寸,也必須要考慮收容生物的種類、數目等來加以選擇。在此,各位要牢記過濾是一件重大的事情,而過濾裝置的種類及過濾裝置,並不僅僅是過濾塵埃,同時還存在其他的作用。

過濾裝置系統

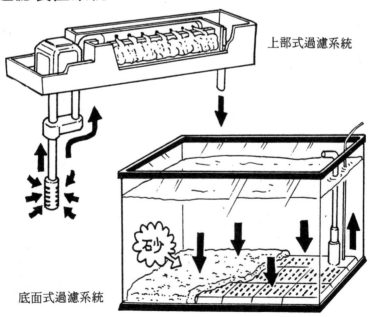

上部式過濾系統

砂

底面式過濾系統

溢流管式過濾系統

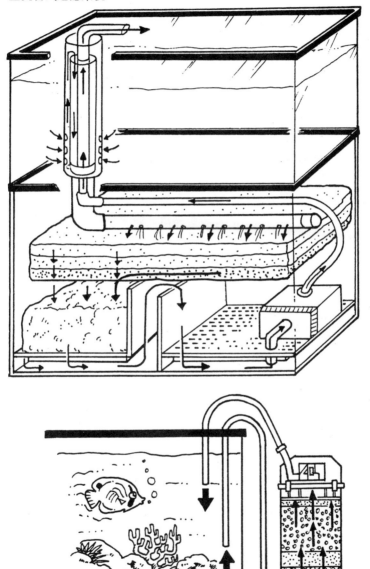

外置式密閉過濾系統

選擇照明器具

□依用途而分別使用

市售照明器具的種類繁多,而水族館會配合水槽大小以及飼養生物的種類而分別使用。例如,陽光水族館最常使用的即是螢光燈。普通家庭則使用白色燈或日光燈,另有植物培養用、鑑賞魚用,依用途的不同,有時會使用藍色螢光燈,或是稱為黑燈的有效螢光燈。除了螢光燈以外,也可能使用鹵素燈或水銀燈。

20瓦螢光燈1支。
最適合60cm的水槽

20瓦螢光燈2支

□一般家庭使用螢光燈

家庭用水槽的照明,一般是使用螢光燈,而且也較容易使用。配合水槽的尺寸,可使用20~30瓦的螢光燈,只要置於水槽蓋上即可使用。另外,增減照明也很方便。水槽的照明,並不只是為了讓人觀賞,乃是為了水槽中的生物而設置的,應該配合生物而給予光亮。

選擇氣泵

□經常供應新鮮的氧

　　氣泵是為了持續將新鮮氧送到水槽中而設置的。
24小時不眠不休地運作。這個氣泵送出的空氣，使用
於底面過濾，利用擴散器（隕石等）形成細小的氣泡
，供給於水中。這時，在水槽的底部放置擴散器，就
能有效地供給氧，但卻會增加氣泵的負荷。所以，不
要一味地考慮水槽的寬度，也要考慮到深度問題。

□考慮聲音與擱置場所

　　因為在半夜還要運作，故儘量選擇聲音較小的氣
泵。同時，要選擇震動影響較少的場所予以放置。當
然要放在比水槽更高的場所，如此即使氣泵停止，也
能防止水逆流到通氣管內。

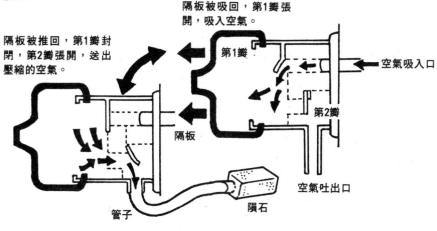

隔板被吸回，第1瓣張
開，吸入空氣。

隔板被推回，第1瓣封
閉，第2瓣張開，送出
壓縮的空氣。

第1瓣

空氣吸入口

第2瓣

隔板

空氣吐出口

管子

隕石

振動式氣泵

選擇保溫器具

□使常夏的海洋再現

　　國內四季分明，能夠享受季節變換之樂。但是，在水槽中的魚多半聚集在常夏的珊瑚礁附近，所以，水溫低於20℃時，就不吃餌食，最後會消瘦而死。為避免這種事件的發生，必須準備加溫器與恆溫器。

●加溫器（使水溫上升）

　　加溫器能使水溫上升，而溫熱的能力是以瓦數來表示。如果將加溫器直接插入插口使用，會使水槽中的水變熱水，因此，需要恆溫器。

●恆溫器（維持水溫的穩定）

　　為了維持穩定的水溫，恆溫器會自動地切換開關，分為雙金屬與電子式二種。如果需要精密度與較大瓦數的加溫器時，則最好使用電子式恆溫器比較方便，但價格也比較昂貴。

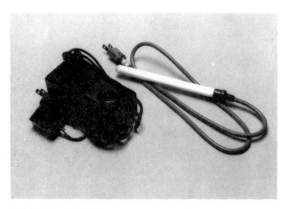

電子式恆溫器與加溫器

□水溫計也是不可或缺的

　　不需要昂貴或是精密的水溫計，然水溫計卻是不可或缺的小配件。可利用黏貼膠貼於水槽上。價格便宜，需要備妥。同時，每當觀看水槽時，就要一併檢查水溫，才能避免重大事故發生。

水溫計

在常夏海洋中成長的魚類對水溫變化十分敏感

其他的器具

●比重計

用以測量海水的鹽分濃度，宜事前備妥。

●水質檢查機器

用以測量飼養水的氨、亞硝酸、硝酸、PH值等。

●UV過濾器

為紫外線殺菌裝置。飼養水通過其中，能殺死水中細菌。

●蛋白質剷除器

為去除飼養水中蛋白質等物質的裝置。

飼養用的器材，當然不僅止於此。但是，只要具備這些東西，就能夠飼養海水魚了。當然，由飼養淡水魚更換為飼養海水魚的人，也可以利用淡水魚的飼養器材，只要添加手邊不足的東西就夠了。

購買新器材時，不必購買昂貴的東西，即使如此，也未必能使魚長生，應該到店裡數度觀看，仔細考慮後再購買。

比重計

水質測試液

方便的小東西

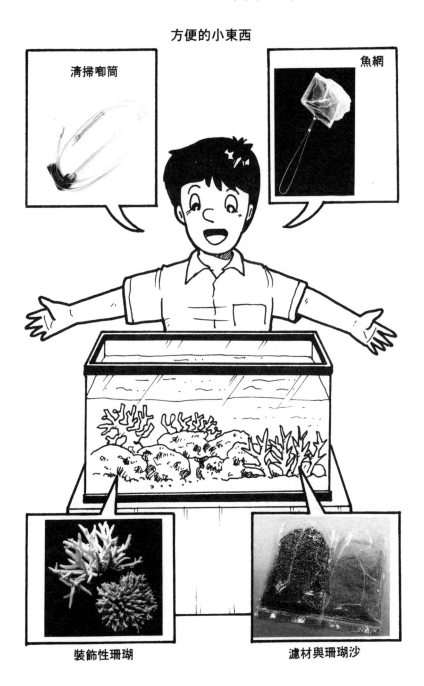

清掃唧筒

魚網

裝飾性珊瑚

濾材與珊瑚沙

水槽的安置

□決定安置水槽的場所

飼養的器材齊全後，開始安置水槽。

首先，要決定水槽的安置場所。經常看到的，是置於家中的鞋箱上或起居室裡。這二處是我們常注意到的地方，所以應該算是好的場所。但是在安置之前，要先確認插頭的位置或換水等作業能否順利進行。此外，水槽一旦加入水之後，會變得很重，可能會使鞋箱的門打不開，需要注意。

充分考慮水槽的安置場所

□水槽中放入海水

　　安置好水槽，固定過濾裝置，備妥加溫器、氣泵、水溫計之後，就準備要注入海水了。並非在自來水中加入鹽即可變成海水。當然，這是絕對行不通的。調查海水的成分，會發現其中包含數十種的成分（化學物質）。平常我們所忽略的海水，其實具有複雜的構造，不可能自己就輕易地製造出來。

　　那麼，要如何準備水槽中的海水呢？有二個方法，一是到海邊汲取天然的海水，另一個方法是使用人工海水。

□天然海水充滿不純物

　　首先，探討一下使用天然海水的情形。將天然海水裝入塑膠容器中帶回來使用。大家會認為這是自然的東西，應該有利於魚的健康。不過，在此卻有一大陷阱。亦即大家到海邊去汲取的海水，卻是受到污染的海水。如果是海岸邊或防坡堤邊的水，則可能含有油、重金屬及家庭排水。

食鹽溶於水中，也無法製造出海水來

此外，受到雨的影響，比重降低，會因為波浪的關係大量存在海底的不純物。當然，其中也可能含有對魚類有不良影響的細菌。

天然的海水絕對安全嗎？

□考慮場所、季節、漲潮、退潮時間

此外，有的人會事先儲存大量的海水，以備換水之用。但是，如此一來，可能使得有害細菌繁殖。因此，要捨棄使用天然海水的方法。即使汲取天然海水，也要考慮到場所、季節、漲潮、退潮的時間等。

□日本的人工海水享譽世界

　　使用人工海水的情形又是如何呢？日本人工海水的製造，堪稱世界第一。在十年以前，要飼養珊瑚、蝦蟹等無脊椎動物十分不易，但是現在已經不成問題了。將自來水的氯中和以後，事先溶解，即可使用，非常便利。

　　當然，其中也包含天然海水所含有的微量成分。與天然海水不同的是，水質穩定，能夠輕易地得到比重，也不用擔心多餘的細菌問題，能夠安心地使用。

□水族館的海水也經過仔細的考慮

　　在美國內陸部的水族館離海岸太遠，要運送天然的海水，是很艱辛的作業。當然，這時會使用人工海水，也能夠建立不亞於沿岸水族館的優良水族館。

　　陽光國際水族館使用的不是人工海水，而是天然海水，這是用船從八丈島海灘的黑潮流域運送來的。因此，終年可保證穩定的水質。

海水的成分十分複雜

啟動過濾槽

□魚的元氣不足時

海水放入水槽內，水溫維持23～25℃，比重OK，氣泵與過濾裝置都安裝妥當。但是，充滿元氣的魚進入水中後，就拒食，體色發黑，缺乏元氣，躲在水槽的一角。即使放了一些藥進去，也不見效，魚顯得虛弱，這到底是怎麼一回事呢？

各位是否知道原因呢？當然原因不一。如果是因為新設立的水槽而出現這種症狀，則首先要考慮可能是過濾裝置的問題。

□請思考過濾裝置的構造

在過濾裝置的部分曾為各位提及過濾（硝化）細菌的問題，請再注意一下。藉著Nitrosomonas、Nitrobacter等細菌的作用，使得氨變成亞硝酸，繼而變為毒性較弱的硝酸。但如在這些細菌充分繁殖之前，就將魚放入水槽中，則水槽中充滿了氨和亞硝酸，這即是未形成過濾槽的狀態。亦即由於過濾槽中細菌繁殖不足，使得排泄物或殘留餌食中所產生的氨等有害物未經分解而殘留，結果當然會導致魚的體調不良。

確認過濾裝置是否維持作業狀態

　　那麼，該如何避免這種情況的發生呢？方法很簡單。

□不要一次放入全部的魚

　　如果你的水槽中準備收容10隻魚。這時，不要一次放入10隻魚。在最初的5～10天內，只放3～5隻。這段期間，細菌會旺盛地繁殖，儲備消化的能力。待這段期間結束以後，再放入剩下的魚。

□你也能夠成為水族館館長

　　這麼做，你就是踏出成為水族館館長的第一步了。而水槽中魚類的命運，也掌握在你的手中。

　　飼養任何生物都一樣，不要因為一時的衝動，而誤了牠們的一生，要不厭其煩地心照顧。

你的私人水族館順利開幕了！

底面式過濾裝置的安裝

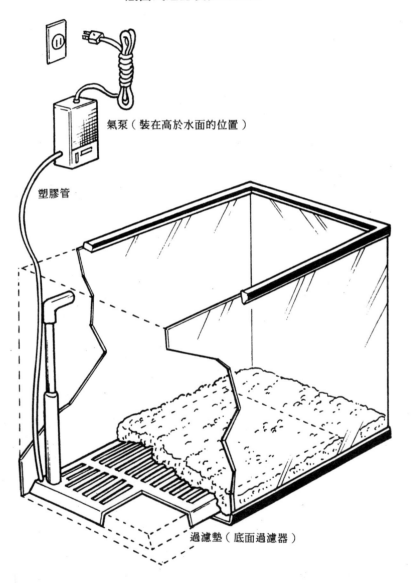

氣泵（裝在高於水面的位置）

塑膠管

過濾墊（底面過濾器）

上部式過濾裝置的安裝

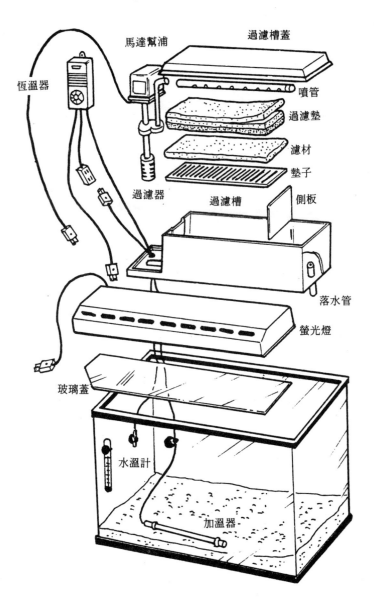

恆溫器

馬達幫浦

過濾槽蓋

噴管

過濾墊

濾材

墊子

過濾器

過濾槽

側板

落水管

螢光燈

玻璃蓋

水溫計

加溫器

安裝水槽的順序

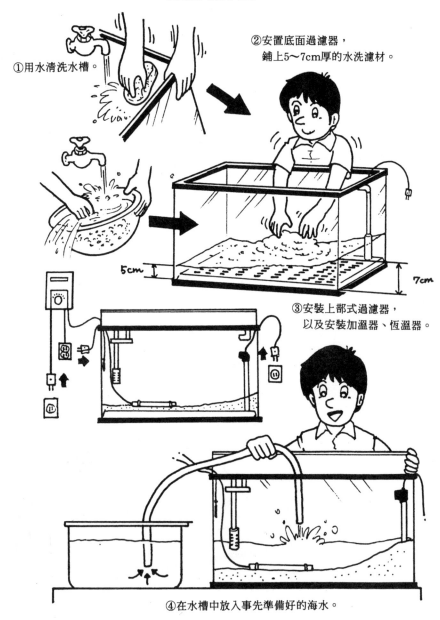

①用水清洗水槽。

②安置底面過濾器，
鋪上5～7cm厚的水洗濾材。

5cm

7cm

③安裝上部式過濾器，
以及安裝加溫器、恆溫器。

④在水槽中放入事先準備好的海水。

⑤安置岩石或裝飾珊瑚。

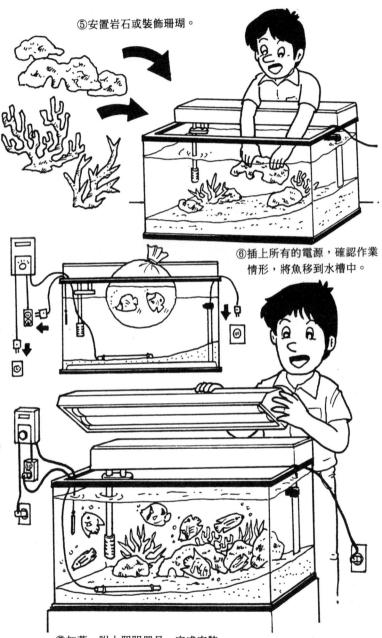

⑥插上所有的電源，確認作業
情形，將魚移到水槽中。

⑦加蓋，附上照明器具，完成安裝。

高明的日常管理

餌的種類

要多加注意餌食。不過,如果每日死板地給予決定好的量,那也未免太執著了。餵食的時間,是掌握魚體調狀況的寶貴時間,故要仔細地觀察,進行餵食。

魚的餌食與吃法,因魚種類的不同而各有差異。雖然給予 1～2 種餌食,但是魚仍然拒食。這時,必須要了解魚的生態,再進行餵食。

以陽光國際水族館中的海水魚為例,其菜單大致可分為如下三種。

・生餌

鯵魚、蝦、蛤仔、鱈魚子、玉筋魚、青花魚、柳葉魚、魷魚、糖蝦、蔬菜等。

・乾燥餌

藻片食物,配合餌料、海苔等。

・活餌

浮游生物、小糖蝦、沙蠶等。

鱈魚子

蛤仔

柳葉魚

　　以其中的蝦子為例，像帶殼、剝殼的蝦子、甜蝦等，可以使用種類豐富的餌。

　　這些並非都是專供魚用的餌食，很多都是人類食用或當成生魚片用的材料。也許各位覺得奢侈，但細想一下，原本生活於自然界海中的魚，吃的就是不必擔心鮮度問題的活生生食物。

魚的食物比人類更好更奢侈嗎？

餵食的方法

□魚也要求取營養均衡

　　為何需要這麼多種類的餌食呢？答案很簡單。只要與人類相比，即可了解。人類會攝取魚、肉、蔬菜，而魚當然也要攝取均衡的營養。

□藻片食物十分方便

　　最近考慮到營養均衡的問題，而推出多種類的薄片食物，使用方便。不會像生餌等餌食，會在水槽內製造大量的氨。

□以生餌讓魚就食

　　但是，生活在自然的海中，當然找尋不到藻片食物，再加上有些魚種不易就食，因此，可利用生餌或帶殼的活蛤仔等來引誘魚類就食。不過，魚可能要花上數日時間才會就食，而這些餌食會使水質惡化，需要注意。

人工飼料
由左開始依序是冷凍蝦、南極蝦、藻片食物

□一日餵二～三次

事先決定好餵食的次數。當然，依魚種的不同，餵法各有不同。不過，大致一日餵二～三次就足夠了。有的魚只要一天餵一次或一週二～三次即可。過度餵食，是造成魚肥胖與水質惡化的原因，毫無意義。

専　欄
COLUMN

水族館的餵食

◆給予豐富的維他命

水族館的人會將維他命劑混入餌食中。像餵食粗皮鯛、臭都魚、棘蝶魚時，可混入剁碎的紫菜、小油菜、萵苣等。給予蔬菜時，最好略微煮過再餵予。

◆將珊瑚蟲等餌食塗抹在裝飾珊瑚上餵食

有些魚喜歡吃珊瑚蟲等餌食，但是不可能實際給予珊瑚。即使餌食丟入水中，魚也不見得有反應。對於這種魚，可將糊狀的餌食塗抹在裝飾珊瑚上，魚就會靠過來吃。

◆調查自然界的生態

何種魚類要餵以何種餌食？餌食的大小為何？如有疑問或感興趣，則可以調查自然界的生態，一定能得到啟示。

![水質的管理]

水質的管理

□水骯髒的構造

　　魚類在水槽中吃餌食、排泄、生存。即使有過濾裝置，水槽中的水也會漸漸變髒。如果能夠掌握這個骯髒的構造，就能正確掌握困難的換水時機。

□硝酸不可能完全消失

　　由於硝化細菌，使氨由亞硝酸變化為毒性較弱的硝酸，這在前面已有說明。那麼，硝酸又會變成什麼情況呢？很遺憾的是，硝酸無法分解，只能殘留下來。因為硝化細菌不具有分解硝酸的能力。即使毒性較弱，但到達一定量時，對魚而言，也是有害的物質。

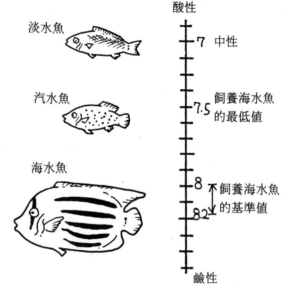

淡水魚

汽水魚

海水魚

酸性

7　中性

7.5　飼養海水魚的最低值

8　飼養海水魚的基準值
8.2

鹼性

事先了解PH的基準值

□清洗過濾器材

　　到此地步，除了換水以外，別無他法，一旦硝化細菌的功能遲頓，使得氨或亞硝酸的濃度上升時，就必須要換水了。然而，換水只是一種手段，很快地，水質又會受到污染。最佳的解決方法，就是清洗過濾裝置中的過濾器材。

□確實檢查水質

那麼,是否有方法能夠掌握這些水的劣化狀態呢?確實的方法,就是檢查水質。當然,必須根據各種數值來加以判斷。習慣之後,不必每次進行水質檢查,只要記錄上次換水或清洗過濾器材的日期,即可掌握大致的時機。不過,在此之前,要多次進行水質的檢查,記錄資料,充分掌握水質變化的過程。

舉個典型的例子,固定水槽,放入生物之後,氨的數值較高,幾乎無法檢出亞硝酸或硝酸。這即是前述未形成過濾槽的狀態。不久之後,就能檢視出一些亞硝酸、硝酸。但是,氨的數值還是會上升,繼而亞硝酸的數值上升,氨的數值維持穩定,或開始下降。最後,氨、亞硝酸都能維持穩定的低數值,而硝酸的數值逐漸上升了。

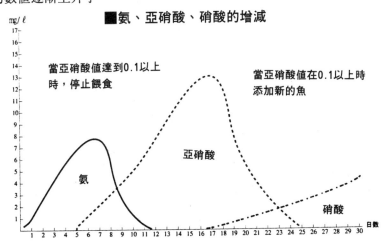

■氨、亞硝酸、硝酸的增減

mg/ℓ

當亞硝酸值達到0.1以上時,停止餵食

當亞硝酸值在0.1以上時添加新的魚

亞硝酸

氨

硝酸

日數

□作一份自己專用的水族資料

　　就算列出實際的數字，也不能成為參考。那是因為水槽的水量、收容生物的種類、數目，以及過濾槽的大小、過濾材的種類等條件並非一致。符合他人的數值，並不見得也符合自己的數值，所以一定要擁有自己專用的資料。

　　此外，有些資料顯示一個月要換幾次水，或換水槽幾分之一的水等，然而，這種機械性的方法是否妥當呢？請各位再仔細考慮一下，儘早掌握適合自己的步調。

有所幫助的周邊機器

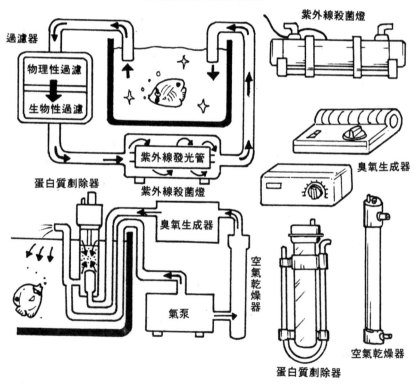

過濾器

物理性過濾

生物性過濾

紫外線殺菌燈

紫外線發光管

蛋白質刮除器

紫外線殺菌燈

臭氧生成器

臭氧生成器

空氣乾燥器

氣泵

空氣乾燥器

蛋白質刮除器

換水的方法

□勿使魚察覺到

在此為各位說明具體的換水方法。理想的方法是，勿讓魚察覺到而迅速地換水，但實際上是行不通的。因此，儘量減少對魚的負擔才是最大的課題。

□不要一次全部更換

首先，準備好配合水溫的新海水，靜靜地抽除水槽中的水，緩緩地注入新的海水。換水量維持⅓、½左右即可。亦即不要置之不理，等到非換水不可時才一次全部換水。

水槽內與新準備好的水其水溫相同

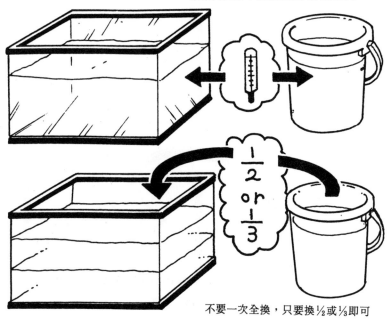

不要一次全換，只要換½或⅓即可

換水的重點

□靜靜地換水

一旦切斷氣泵或加溫器等電源時，就要使用管子，利用虹細管原理靜靜地抽出水來。如果直接用桶子汲取水槽中的水，會使魚受到驚嚇。一旦捨棄掉必要量的水以後，要加入新的水，但這時也不可將水裝入桶內直接倒入水槽中，要靜靜地倒入，勿使鋪在底部的沙子濺起。

或是將容器置於比水槽更高的地方，再次利用虹吸管原理，將水吸入水槽中。

使用唧筒加水時，為避免鋪在底部的沙濺起，則要先將管子的一端輕輕抵住玻璃面，靜靜地將杯子等物體放入水槽中，再把管子前端放入杯中加水，這也是很好的方法。

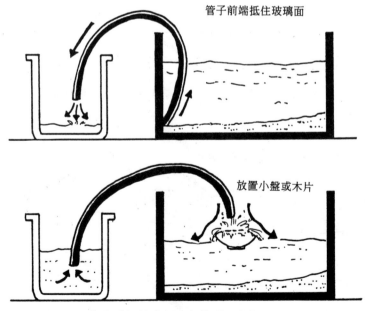

管子前端抵住玻璃面

放置小盤或木片

換水時保持安靜，勿驚嚇到魚類

即使是更換全部的水，也可依同樣方法來進行。但是，水槽中的生物，必須先收容在其他的容器中。先將水槽的水移到水桶中，再將魚放入其中。

將魚類移到其他的容器中時，不要忘記安置氣泵與加蓋。

□魚移到木桶中要使用氣泵

這時，勿忘記要利用氣泵送入空氣。因為環境完全改變，魚會受到驚嚇而呼吸加快，可能發生意外事故。此外，也可能因受驚而跳出桶外，因此，要擱置在安靜的場所，並且加蓋。

換水的方法

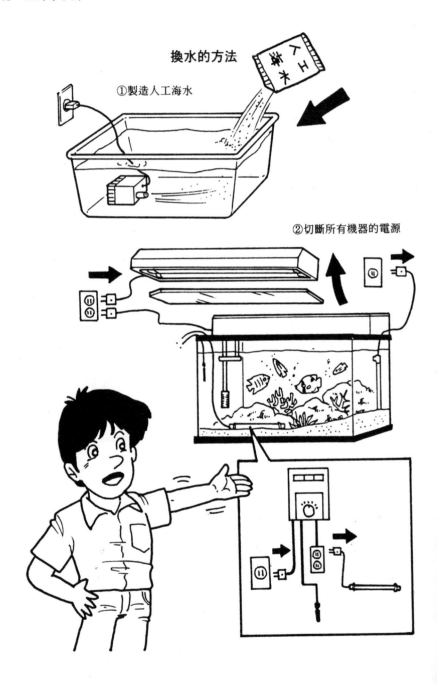

①製造人工海水

②切斷所有機器的電源

③可利用管子去除底沙的污垢，排除污水，
　直到魚露出背部為止

④加入新製造的海水

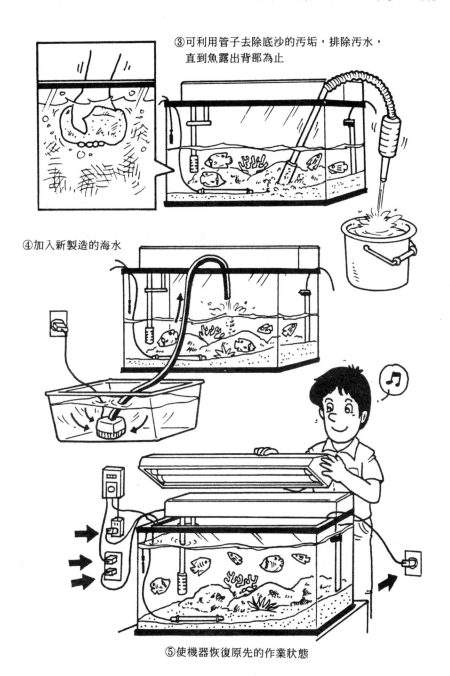

⑤使機器恢復原先的作業狀態

過濾材的清洗

□不要消滅過濾細菌

過濾裝置的過濾材必須清洗。但是，過濾器材中會大量地繁殖過濾細菌，發揮硝化的作用。

不要殺死過濾細菌

過濾材的清洗，會使這些細菌流失。而如何不消滅這些細菌地使用過濾材，才是一大問題。

□利用海水清洗

利用海水清洗，就不會殺死過濾細菌。雖然無法防止過濾細菌的流出，但也不會完全消失。若以純水清洗過濾材，則會完全殺死過濾細菌。如此一來，即使清潔後水變得乾淨，但是不久之後又會變得混濁，同時，也無法斷除這種狀態的發生。

過濾細菌無法抵擋純水，卻能抵抗海水

□水族館中有二種過濾裝置

陽光水族館中並不是利用海水，而是利用純水清洗過濾材。但是，水卻不會變得混濁。理由是，各水槽都是有複數，亦即二個以上的過濾裝置。

當然，並不是同時清洗過濾裝置，否則就會使水混濁，乃是維持一定的間隔，交互清洗。亦即一邊的過濾細菌死亡，另一邊的過濾裝置卻能夠彌補缺失。數日後，兩邊的過濾裝置就能恢復正常機能。

□併用上部過濾與底面過濾

也許你認為只有在水族館才能使用這種複數的過濾裝置，其實不然。

如果你的水槽是採用上部過濾的過濾裝置，那麼，就算想擁有複數過濾裝置，也不可能再增添一部上部過濾。畢竟，家庭上的飼養，不論是經濟或空間，都有一定的界限。

這時，可利用水槽的鋪沙。以空氣升液器併用底面過濾加以嘗試。或併用外部密閉式的強力濾網。抑或是將上部過濾一分為二，交互清掃。

只要了解過濾原理，也有一些適合你的方法。

底面式過濾裝置的清掃順序

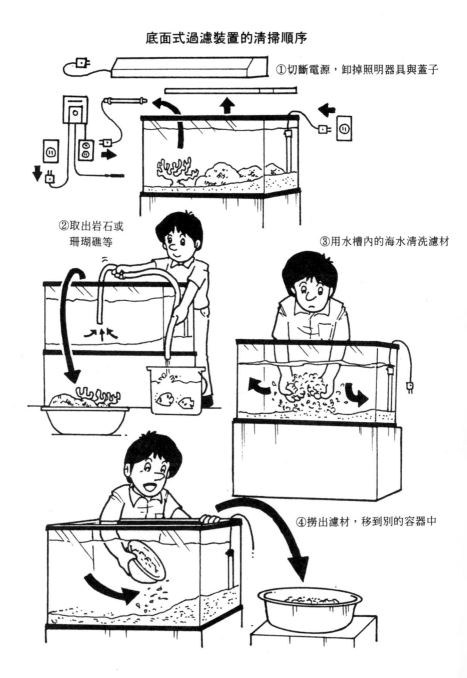

①切斷電源，卸掉照明器具與蓋子

②取出岩石或珊瑚礁等

③用水槽內的海水清洗濾材

④撈出濾材，移到別的容器中

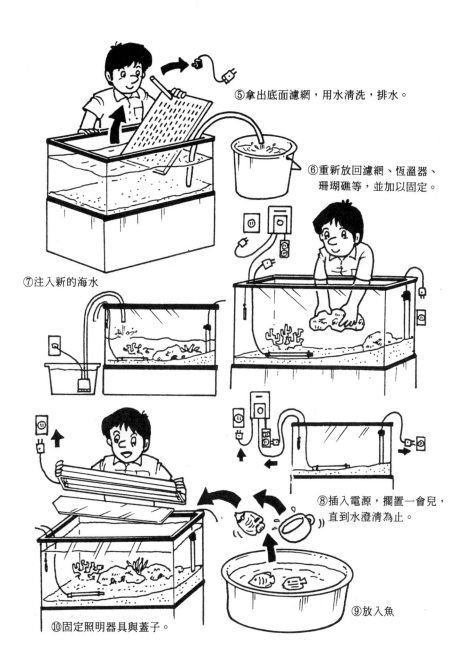

⑤拿出底面濾網，用水清洗，排水。

⑥重新放回濾網、恆溫器、珊瑚礁等，並加以固定。

⑦注入新的海水

⑧插入電源，擱置一會兒，直到水澄清為止。

⑨放入魚

⑩固定照明器具與蓋子。

上部式過濾裝置的清掃順序

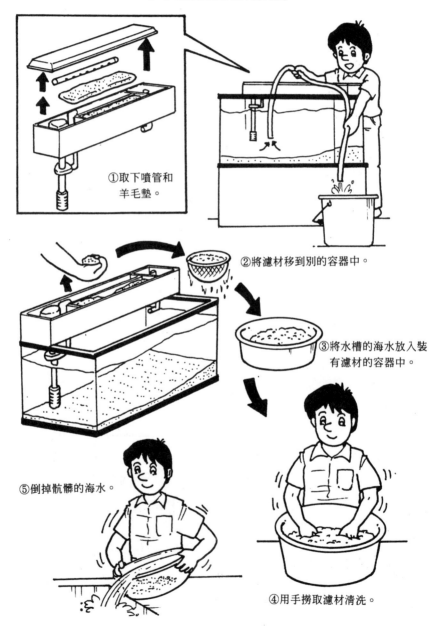

①取下噴管和
羊毛墊。

②將濾材移到別的容器中。

③將水槽的海水放入裝
有濾材的容器中。

⑤倒掉骯髒的海水。

④用手撈取濾材清洗。

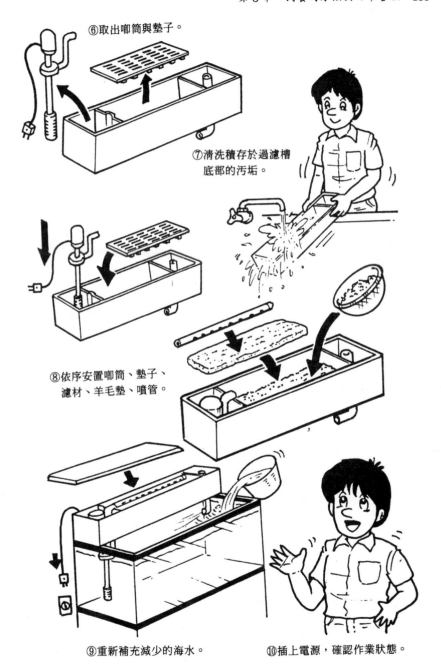

⑥取出喞筒與墊子。

⑦清洗積存於過濾槽底部的污垢。

⑧依序安置喞筒、墊子、濾材、羊毛墊、噴管。

⑨重新補充減少的海水。

⑩插上電源，確認作業狀態。

水槽的清掃

　　進行水槽大掃除時，要注意以下數點。

□移動魚時，避免使魚受傷

　　首先，不可給魚類過多的負擔，且移動時，避免
使魚受傷，因此，要輕輕地撈起。很多人會使用市售
的魚網，但有傷害魚體之虞。最好使用能連水一併撈
起的容器，將魚和水整個移動，較為安全。

利用鑽孔塑膠袋自製魚網

水槽內有水時，不可往上抬

□完全抽掉水槽的水以後

　　清洗水槽時，不可留下少量的水來搬運水槽，如
此可能會對水槽的接縫造成負擔，形成漏水的原因。

□利用柔軟物清洗

　　附著在水槽內的青苔並不雅觀，當然想要加以掃除。不過，如果你的水槽是丙烯製品，則切勿以刷子或較硬的纖維摩擦，使其受損。需以海綿等柔軟物擦洗。

□用水沖洗掉藥品

　　為了消毒殺菌，或去除難以清除的污垢，則會使用氯等藥品。但它具有危險性，需要注意。因為只要有些許的氯殘留於水槽中，就可能傷害魚體或魚鰓，甚至導致所有的魚類死亡。因此，使用氯以後，必須利用硫代硫酸鈉液（大蘇打）充分中和，用水沖洗乾淨。像珊瑚沙等使用氯以後，更需要注意，如果還略帶臭味，就表示危險度極高。

勿用刷子刷

將藥品完全沖洗掉

□不要一次完全洗淨

當然，即使不使用氯，也不要一次同時進行換水，清洗過濾材或鋪沙。理由如前述，就是為了保留過濾細菌。

□充分注意觸電問題

請記住海水容易導電，用濕的水觸摸插座，或電源存在於水滴容易濺散的地方，就會造成意外事件的發生。一旦水滴沾到插座，就要趕緊用乾布擦拭，然後再使用。

小心觸電！

珊瑚、海葵類的餵食

①將生餌剁碎成肉末

②用滴管取餌食

④如果是海葵的話，則用鑷子夾住切成大塊的餌食，好像纏在海葵觸手般地給予。

③輕輕吹向珊瑚

疾病的預防與治療

□生病在所難免

即使注意水質的管理，適當地給予餌食，注意健康管理，也無法完全擺脫疾病。

□早期發現，早期治療

疾病並不可怕，只要早期發現，早期治療，就能痊癒。因此，每天都要仔細檢查魚類的健康狀態。

□你是魚類的醫生

魚和貓狗一樣，並不會訴說自己身體的異狀。然而，貓狗可以接受專門醫生的治療，而魚生病時，卻無從就醫。所以，你是水槽的管理者，是館長，同時，也是魚類的醫生。

你是魚類的主治醫生

疾病的原因

　　魚類的疾病有很多種類，包括因細菌而引起的感染症，或是寄生蟲、內臟疾病、外傷、壓力所造成的疾病等。當然，生病一定有原因，而成為病因的細菌或寄生蟲，或多或少都經常存在於水槽中或魚體內。

　　這麼說來，是否魚類隨時都會感染疾病呢？不是的，只要維持良好的健康狀態，就不易發病，即使發病，症狀也很輕微。不要因為害怕疾病，而不進行換水或清掃過濾材的工作，否則會造成反效果。

　　主要病因如下。

- 水質的惡化
- 來自外部的感染
- 水溫劇烈的變化
- 過密的飼養
- 粗魯地對待

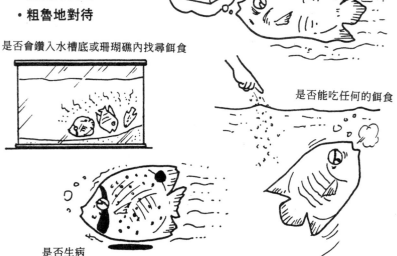

選擇魚的重點

是否太瘦

是否會鑽入水槽底或珊瑚礁內找尋餌食

是否能吃任何的餌食

是否生病

各種疾病原因

水質的惡化

水溫劇烈的變化

來自外部的感染

過度餵食

粗魯地對待

水槽安置場所的不當

過密的飼養

疾病的預防

　　不採取會造成病因的行動，乃是最好的預防法。前面已經提及，可藉著適當的間隔交互進行換水、過濾材的清掃，以防止水質的污染。同時，不可過度餵食。

□防止外部感染

　　來自外部的感染，最大的可能性是新追加的魚帶來病原體，因此，購買時，要仔細觀察。回家後，將魚裝在塑膠袋內，使其先浮於水槽上。即使水溫適合，也要檢查水質是否合適。這時，可撈取水槽中的水放入塑膠袋內，讓兩邊的水混合，但要避免塑膠袋內的水流入水中。片刻後，只要取出魚放入水槽中即可。在3～4天內，要仔細觀察。

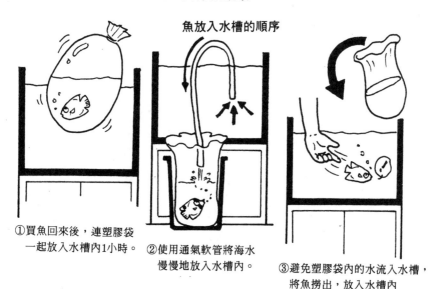

魚放入水槽的順序

①買魚回來後，連塑膠袋一起放入水槽內1小時。

②使用通氣軟管將海水慢慢地放入水槽內。

③避免塑膠袋內的水流入水槽，將魚撈出，放入水槽內

□避免水溫的劇烈變化

水溫的劇烈變化，會減弱魚的體力，造成發病的原因。在春、秋氣溫變動較大的時期，需要留意。要謹慎選擇加溫器的安裝或去除的時期。

□佈置舒適的空間

過密飼養，是魚之間鬥爭的原因，也可能是造成壓力或使水質惡化的原因。因此，水槽內勿過於複雜，要讓魚擁有悠游的空間。

□慎重地撈取

用魚網追魚或撈魚時，身體的粘液或鱗脫落，可能會導致感染症。因此，撈魚時，要和水一併撈起。

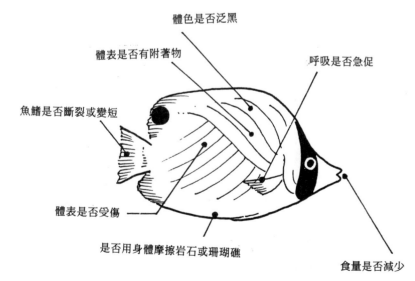

魚的健康、日常的檢查重點

體色是否泛黑

體表是否有附著物

呼吸是否急促

魚鰭是否斷裂或變短

體表是否受傷

是否用身體摩擦岩石或珊瑚礁

食量是否減少

疾病的種類與治療方法

	病名	死亡率	治療方法
寄生蟲引起 的疾病	白點病	依症狀不同而有別	硫酸銅
	纖毛蟲症	高	淡水浴
	單生蟲症	低	硫酸銅、淡水浴
	威迪鞭毛蟲症	依症狀不同而有別	硫酸銅
細菌性疾病	弧菌病	稍低	抗菌劑
	水霉菌病	低	抗菌劑
	鰭腐病	低	抗菌劑

～寄生蟲所引起的疾病～

白點病

＜原因與症狀＞ 是最常見的疾病之一。在身體、魚鰭、魚鰓有小白點附著，因而有白點病之稱。所看到的白點，是原生動物纖毛蟲的一種。一旦罹患此病，呼吸急促，魚會利用水槽底或岩石等處摩擦身體。嚴重時，全身覆蓋白點而死亡。等到看到白點時，已經是長大而過著寄生生活的纖毛蟲了。而其在稱為仔蟲的時期，因為體型小且到處游泳，因此肉眼不易看見。經常來回不停游泳的魚類，較不易附著這種蟲。反之，靜而不動的魚類，較易附著。

＜治療方法＞　一般是使用硫酸銅，非常有效，能算出水槽的水量，放入硫酸銅，使其濃度成 1 ppm。造成白點病原因的纖毛蟲，壽命周期為5～7天，因此，在這段期間內，每天都要放入藥物。但是，硫酸銅是劇藥，如果超過1ppm以上，會造成魚死亡，宜注意。

①魚鰭有半透明的膜　　②魚鰭或身體出現白點

③點增加，有時可見，有時消失　　④全身泛白，如撒上粉一般

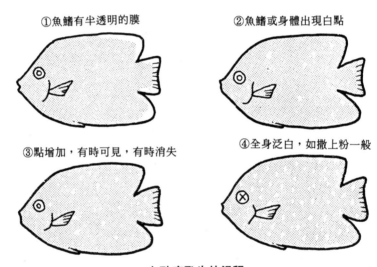

白點病發生的過程

纖毛蟲症

＜原因與症狀＞　為原生動物纖毛蟲寄生所造成的疾病，不同於白點病之處是，肉眼不易看見。發現異常時，要仔細檢查身體。體表的粘液略微隆起，呼吸急促，體色泛黑時，就得注意了。死亡率極高。延誤處置，可能導致全部死亡。

＜治療方法＞　在市售藥物中找不到特效藥，不過，卻有治療方法，即是稱為「淡水浴」的方法。這種方法不僅對於纖毛蟲有效，對於其他的寄生蟲也能奏效。首先，備妥水溫合適的淡水。可以使用水桶，但別忘記安裝充氣器。將病魚放入其中，當然是很痛苦的事情，但是寄生蟲會先死去。進行一次的時間，會因魚種、症狀的不同而有不同。大約在 3～15 分鐘內，仔細觀察魚的狀況，進行治療。一天 2～3 次，持續 5～7 天。當然，每天都要更換淡水。不過，這也會對魚造成極大的負擔，如果不慎重進行，可能不是因疾病而死，而是因為淡水浴而死。

①在別的容器中備妥純水，
　安裝充氣器。

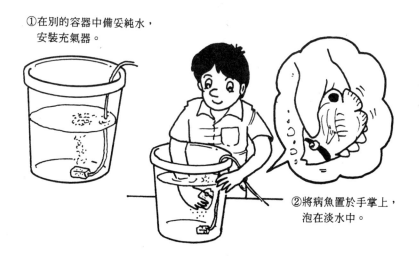

②將病魚置於手掌上，
　泡在淡水中。

淡水浴的方法

單生蟲症

<原因與症狀>　是寄生蟲寄生在魚鰓內所致，是比白點病、纖毛蟲症更大型的寄生蟲，但是也不及1mm。身體透明細長，口有 4～6 個像牙齒般的鍵。肉眼看不到這種蟲，會頻頻地出現。症狀是呼吸急促。少數寄生不會致死，但卻會造成水質惡化等重大損害。

<治療方法>　利用硫酸銅1ppm浴或淡水浴即可痊癒。不論採何種方法，要持續進行一週。痊癒之後，即使呼吸或吃餌食的狀態復原，也可能再度復發，需要注意。

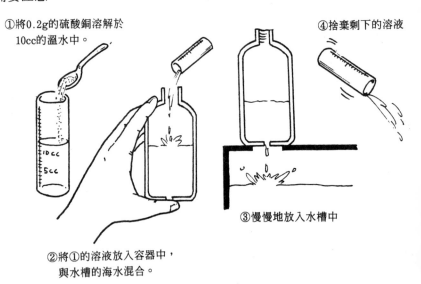

①將0.2g的硫酸銅溶解於10cc的溫水中。

④捨棄剩下的溶液

③慢慢地放入水槽中

②將①的溶液放入容器中，與水槽的海水混合。

硫酸銅溶液的製造法與投藥法（ 以60cm的水槽為例 ）

威迪鞭毛蟲症

＜原因與症狀＞　為原生動物鞭毛蟲的一種。寄生在體表與鰓而引起的。附著的小點比白點病更小，肉眼不易看見。傳染力極強，如果不注意到初期症狀，則可能導致大量死亡。呼吸急促，而且會摩擦身體，與白點病的症狀類似。

＜治療方法＞　進行1ppm硫酸銅浴。只要早期發現，則5～10天內即可痊癒。但是在追加新魚時，務必要注意。

眼睛上方
肩膀周圍
鰓附近

威迪鞭毛蟲症附著的部位

～細菌性疾病～

弧菌病

＜原因與症狀＞　是弧菌在體表繁殖而引起的疾病。因為處理過於草率或過密飼養而引起鬥爭，造成傷痕，或是因寄生蟲附著，身體摩擦岩石所形成的傷痕等處有弧菌附著。傷口不癒，加深，變大，有時甚至會挖除一塊肉。

＜治療方法＞　使用市售抗菌劑加以治療。亦可採用藥浴或將溶解後濃度較高的抗菌劑直接塗抹於患部。不過，傷口過大時，恐怕難以處理。因此，一旦發現體表的傷痕，就得注意，儘早治療。

水霉菌病

<原因與症狀＞　是霉菌附著在體表或魚鰭的疾病。多半發生於水質惡化的水槽中。看起來有如白色棉花附著似的，非常明顯，早期即可發現。早期發現，就能夠治療。因此，不會出現症狀惡化或死亡的情形。

<治療方法＞　利用抗菌劑進行藥浴，即可痊癒。較少魚會出現症狀，因此，如果想要早日痊癒，可將抗菌劑溶解在淡水中，讓魚進行藥浴。不過，要避免使魚發生過大的損傷。

鰭腐病

<原因與症狀＞　原因來自細菌，在魚鰭的前端，好像慢慢溶解似地使魚鰭漸漸縮短。在水質惡化的水槽中，較易發生這種疾病。

<治療方法＞　能夠早期發現而進行治療，因此死亡率較低。可利用抗菌劑進行藥浴。即使利用藥效使疾病不再惡化，但要使症狀惡化的較短魚鰭再生，要花很長的一段時間，所以要儘早治療。

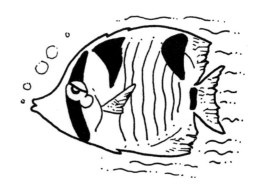

早期發現，即可治癒

＊治療中的注意事項

　　• 發現疾病而進行藥浴時，要控制餌食的餵予
。

　　• 在使用藥物時，務必要去除過濾裝置中的活
性碳。

　　• 勤於進行治療前後的換水與過濾材的清洗。

　　• 發生疾病的水槽所使用的器具（魚網等），
如果直接放入別的水槽使用，可能成為傳染原，故
要另外更換器具，或經過充分清洗後再使用。

　　• 結束藥浴，治癒疾病後，也要將活性碳裝入
網子內，放在過濾材上方水流動的場所。如果水槽
和過濾裝置中一直殘留藥物，會造成魚的虛弱。

抗菌劑藥浴的方法

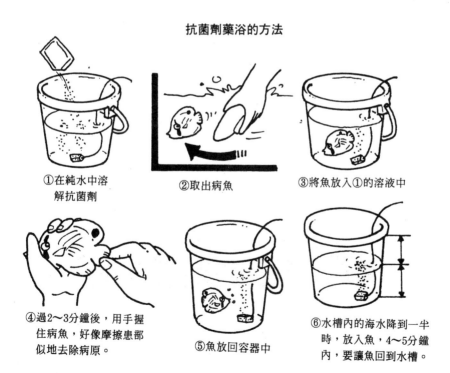

①在純水中溶　　　②取出病魚　　　③將魚放入①的溶液中
　解抗菌劑

④過2～3分鐘後，用手握
　住病魚，好像摩擦患部　　　　　　　　　　⑥水槽內的海水降到一半
　似地去除病原。　　　⑤魚放回容器中　　　　時，放入魚，4～5分鐘
　　　　　　　　　　　　　　　　　　　　　內，要讓魚回到水槽。

大展出版社有限公司
品冠文化出版社

圖書目錄

地址：台北市北投區(石牌)　　電話：(02)28236031
　　　致遠一路二段 12 巷 1 號　　　　　 28236033
郵撥：01669551<大展>　　　傳真：(02)28272069

・少年偵探・品冠編號 66

1.	怪盜二十面相	（精）	江戶川亂步著	特價 189 元
2.	少年偵探團	（精）	江戶川亂步著	特價 189 元
3.	妖怪博士	（精）	江戶川亂步著	特價 189 元
4.	大金塊	（精）	江戶川亂步著	特價 230 元
5.	青銅魔人	（精）	江戶川亂步著	特價 230 元
6.	地底魔術王	（精）	江戶川亂步著	特價 230 元
7.	透明怪人	（精）	江戶川亂步著	特價 230 元
8.	怪人四十面相	（精）	江戶川亂步著	特價 230 元
9.	宇宙怪人	（精）	江戶川亂步著	特價 230 元
10.	恐怖的鐵塔王國	（精）	江戶川亂步著	特價 230 元
11.	灰色巨人	（精）	江戶川亂步著	特價 230 元
12.	海底魔術師	（精）	江戶川亂步著	特價 230 元
13.	黃金豹	（精）	江戶川亂步著	特價 230 元
14.	魔法博士	（精）	江戶川亂步著	特價 230 元
15.	馬戲怪人	（精）	江戶川亂步著	特價 230 元
16.	魔人銅鑼	（精）	江戶川亂步著	特價 230 元
17.	魔法人偶	（精）	江戶川亂步著	特價 230 元
18.	奇面城的秘密	（精）	江戶川亂步著	特價 230 元
19.	夜光人	（精）	江戶川亂步著	
20.	塔上的魔術師	（精）	江戶川亂步著	
21.	鐵人Q	（精）	江戶川亂步著	
22.	假面恐怖王	（精）	江戶川亂步著	
23.	電人M	（精）	江戶川亂步著	
24.	二十面相的詛咒	（精）	江戶川亂步著	
25.	飛天二十面相	（精）	江戶川亂步著	
26.	黃金怪獸	（精）	江戶川亂步著	

・生活廣場・品冠編號 61・

1.	366 天誕生星	李芳黛譯	280 元
2.	366 天誕生花與誕生石	李芳黛譯	280 元

1

3. 科學命相	淺野八郎著	220元
4. 已知的他界科學	陳蒼杰譯	220元
5. 開拓未來的他界科學	陳蒼杰譯	220元
6. 世紀末變態心理犯罪檔案	沈永嘉譯	240元
7. 366天開運年鑑	林廷宇編著	230元
8. 色彩學與你	野村順一著	230元
9. 科學手相	淺野八郎著	230元
10. 你也能成為戀愛高手	柯富陽編著	220元
11. 血型與十二星座	許淑瑛編著	230元
12. 動物測驗—人性現形	淺野八郎著	200元
13. 愛情、幸福完全自測	淺野八郎著	200元
14. 輕鬆攻佔女性	趙奕世編著	230元
15. 解讀命運密碼	郭宗德著	200元
16. 由客家了解亞洲	高木桂藏著	220元

・女醫師系列・ 品冠編號 62

1. 子宮內膜症	國府田清子著	200元
2. 子宮肌瘤	黑島淳子著	200元
3. 上班女性的壓力症候群	池下育子著	200元
4. 漏尿、尿失禁	中田真木著	200元
5. 高齡生產	大鷹美子著	200元
6. 子宮癌	上坊敏子著	200元
7. 避孕	早乙女智子著	200元
8. 不孕症	中村春根著	200元
9. 生理痛與生理不順	堀口雅子著	200元
10. 更年期	野末悅子著	200元

・傳統民俗療法・ 品冠編號 63

1. 神奇刀療法	潘文雄著	200元
2. 神奇拍打療法	安在峰著	200元
3. 神奇拔罐療法	安在峰著	200元
4. 神奇艾灸療法	安在峰著	200元
5. 神奇貼敷療法	安在峰著	200元
6. 神奇薰洗療法	安在峰著	200元
7. 神奇耳穴療法	安在峰著	200元
8. 神奇指針療法	安在峰著	200元
9. 神奇藥酒療法	安在峰著	200元
10. 神奇藥茶療法	安在峰著	200元
11. 神奇推拿療法	張貴荷著	200元
12. 神奇止痛療法	漆浩 著	200元

・彩色圖解保健・ 品冠編號 64

1. 瘦身　　　　　　　　　　主婦之友社　300 元
2. 腰痛　　　　　　　　　　主婦之友社　300 元
3. 肩膀痠痛　　　　　　　　主婦之友社　300 元
4. 腰、膝、腳的疼痛　　　　主婦之友社　300 元
5. 壓力、精神疲勞　　　　　主婦之友社　300 元
6. 眼睛疲勞、視力減退　　　主婦之友社　300 元

・心 想 事 成・ 品冠編號 65

1. 魔法愛情點心　　　　　　結城莫拉著　120 元
2. 可愛手工飾品　　　　　　結城莫拉著　120 元
3. 可愛打扮 & 髮型　　　　　結城莫拉著　120 元
4. 撲克牌算命　　　　　　　結城莫拉著　120 元

・熱 門 新 知・ 品冠編號 67

1. 圖解基因與 DNA 　（精）　　中原英臣 主編 230 元

法律專欄連載・ 大展編號 58

　　　　　　台大法學院　　　法律學系／策劃
　　　　　　　　　　　　　　法律服務社／編著
1. 別讓您的權利睡著了(1)　　　　　　　200 元
2. 別讓您的權利睡著了(2)　　　　　　　200 元

・名 師 出 高 徒・ 大展編號 111

1. 武術基本功與基本動作　　劉玉萍編著　200 元
2. 長拳入門與精進　　　　　吳彬　等著　220 元
3. 劍術刀術入門與精進　　　楊柏龍等著　220 元
4. 棍術、槍術入門與精進　　邱丕相編著　220 元
5. 南拳入門與精進　　　　　朱瑞琪編著　220 元
6. 散手入門與精進　　　　　張　山等著　220 元
7. 太極拳入門與精進　　　　李德印編著　280 元
8. 太極推手入門與精進　　　田金龍編著　220 元

・實 用 武 術 技 擊・ 大展編號 112

1. 實用自衛拳法　　　　　　溫佐惠著　250 元
2. 搏擊術精選　　　　　　　陳清山等著　220 元

3. 秘傳防身絕技　　　　　　　程崑彬著　230 元
4. 振藩截拳道入門　　　　　　陳琦平著　220 元

・中國武術規定套路・ 大展編號 113

1. 螳螂拳　　　　　　　　中國武術系列　300 元
2. 劈掛拳　　　　　　　規定套路編寫組　300 元
3. 八極拳

・中華傳統武術・ 大展編號 114

1. 中華古今兵械圖考　　　　裴錫榮主編　280 元
2. 武當劍　　　　　　　　　陳湘陵編著　200 元

・武術特輯・ 大展編號 10

1. 陳式太極拳入門　　　　　　馮志強編著　180 元
2. 武式太極拳　　　　　　　　郝少如編著　200 元
3. 練功十八法入門　　　　　　蕭京凌編著　120 元
4. 教門長拳　　　　　　　　　蕭京凌編著　150 元
5. 跆拳道　　　　　　　　　　蕭京凌編譯　180 元
6. 正傳合氣道　　　　　　　　程曉鈴譯　200 元
7. 圖解雙節棍　　　　　　　　陳銘遠著　150 元
8. 格鬥空手道　　　　　　　　鄭旭旭編著　200 元
9. 實用跆拳道　　　　　　　　陳國榮編著　200 元
10. 武術初學指南　　　李文英、解守德編著　250 元
11. 泰國拳　　　　　　　　　　陳國榮著　180 元
12. 中國式摔跤　　　　　　　　黃　斌編著　180 元
13. 太極劍入門　　　　　　　　李德印編著　180 元
14. 太極拳運動　　　　　　　　運動司編　250 元
15. 太極拳譜　　　　　　清・王宗岳等著　280 元
16. 散手初學　　　　　　　　　冷　峰編著　200 元
17. 南拳　　　　　　　　　　　朱瑞琪編著　180 元
18. 吳式太極劍　　　　　　　　王培生著　200 元
19. 太極拳健身與技擊　　　　　王培生著　250 元
20. 秘傳武當八卦掌　　　　　　狄兆龍著　250 元
21. 太極拳論譚　　　　　　　　沈　壽著　250 元
22. 陳式太極拳技擊法　　　　　馬　虹著　250 元
23. 三十四式 太極劍　　　　　闞桂香著　180 元
24. 楊式秘傳 129 式太極長拳　　張楚全著　280 元
25. 楊式太極拳架詳解　　　　　林炳堯著　280 元
26. 華佗五禽劍　　　　　　　　劉時榮著　180 元
27. 太極拳基礎講座：基本功與簡化 24 式　李德印著　250 元

4

28. 武式太極拳精華　　　　　　　　　薛乃印著　200元
29. 陳式太極拳拳理闡微　　　　　　　　馬　虹著　350元
30. 陳式太極拳體用全書　　　　　　　　馬　虹著　400元
31. 張三豐太極拳　　　　　　　　　　陳占奎著　200元
32. 中國太極推手　　　　　　　　　　張　山主編　300元
33. 48式太極拳入門　　　　　　　　門惠豐編著　220元
34. 太極拳奇人奇功　　　　　　　　嚴翰秀編著　250元
35. 心意門秘籍　　　　　　　　　　李新民編著　220元
36. 三才門乾坤戊己功　　　　　　　　王培生編著　220元
37. 武式太極劍精華 +VCD　　　　　　薛乃印編著　350元
38. 楊式太極拳　　　　　　　　　　傅鐘文演述　200元
39. 陳式太極拳、劍36式　　　　　　闞桂香編著　250元
40. 正宗武式太極拳　　　　　　　　　薛乃印著　220元
41. 杜元化<太極拳正宗>考析　　　　王海洲等著　300元
42. <珍貴版>陳式太極拳　　　　　　　沈家楨著　280元
43. 24式太極拳＋VCD　　　　中國國家體育總局著　350元
44. 太極推手絕技　　　　　　　　　安在峰編著　250元
45. 孫祿堂武學錄　　　　　　　　　　孫祿堂著　300元
46. <珍貴本>陳式太極拳精選　　　　　馮志強著　280元
47. 武當趙保太極拳小架　　　　　　鄭悟清傳授　250元

・原地太極拳系列・ 大展編號 11

1. 原地綜合太極拳24式　　　　　　胡啟賢創編　220元
2. 原地活步太極拳42式　　　　　　胡啟賢創編　200元
3. 原地簡化太極拳24式　　　　　　胡啟賢創編　200元
4. 原地太極拳12式　　　　　　　　胡啟賢創編　200元

・道 學 文 化・ 大展編號 12

1. 道在養生：道教長壽術　　　　　　郝　勤等著　250元
2. 龍虎丹道：道教內丹術　　　　　　郝　勤著　300元
3. 天上人間：道教神仙譜系　　　　　黃德海著　250元
4. 步罡踏斗：道教祭禮儀典　　　　　張澤洪著　250元
5. 道醫窺秘：道教醫學康復術　　　　王慶餘等著　250元
6. 勸善成仙：道教生命倫理　　　　　李　剛著　250元
7. 洞天福地：道教宮觀勝境　　　　　沙銘壽著　250元
8. 青詞碧簫：道教文學藝術　　　　　楊光文等著　250元
9. 沈博絕麗：道教格言精粹　　　　　朱耕發等著　250元

・易 學 智 慧・ 大展編號 122

1. 易學與管理　　　　　　　　　　余敦康主編　250元

2. 易學與養生　　　　　　　　劉長林等著　300元
3. 易學與美學　　　　　　　　劉綱紀等著　300元
4. 易學與科技　　　　　　　　董光壁著　280元
5. 易學與建築　　　　　　　　韓增祿著　280元
6. 易學源流　　　　　　　　　鄭萬耕著　280元
7. 易學的思維　　　　　　　　傅雲龍等著　250元
8. 周易與易圖　　　　　　　　李　申著　250元

・神算大師・ 大展編號123

1. 劉伯溫神算兵法　　　　　　應　涵編著　280元
2. 姜太公神算兵法　　　　　　應　涵編著　280元
3. 鬼谷子神算兵法　　　　　　應　涵編著　280元
4. 諸葛亮神算兵法　　　　　　應　涵編著　280元

・秘傳占卜系列・ 大展編號14

1. 手相術　　　　　　　　　　淺野八郎著　180元
2. 人相術　　　　　　　　　　淺野八郎著　180元
3. 西洋占星術　　　　　　　　淺野八郎著　180元
4. 中國神奇占卜　　　　　　　淺野八郎著　150元
5. 夢判斷　　　　　　　　　　淺野八郎著　150元
6. 前世、來世占卜　　　　　　淺野八郎著　150元
7. 法國式血型學　　　　　　　淺野八郎著　150元
8. 靈感、符咒學　　　　　　　淺野八郎著　150元
9. 紙牌占卜術　　　　　　　　淺野八郎著　150元
10. ESP 超能力占卜　　　　　　淺野八郎著　150元
11. 猶太數的秘術　　　　　　　淺野八郎著　150元
12. 新心理測驗　　　　　　　　淺野八郎著　160元
13. 塔羅牌預言秘法　　　　　　淺野八郎著　200元

・趣味心理講座・ 大展編號15

1. 性格測驗　探索男與女　　　淺野八郎著　140元
2. 性格測驗　透視人心奧秘　　淺野八郎著　140元
3. 性格測驗　發現陌生的自己　淺野八郎著　140元
4. 性格測驗　發現你的真面目　淺野八郎著　140元
5. 性格測驗　讓你們吃驚　　　淺野八郎著　140元
6. 性格測驗　洞穿心理盲點　　淺野八郎著　140元
7. 性格測驗　探索對方心理　　淺野八郎著　140元
8. 性格測驗　由吃認識自己　　淺野八郎著　160元
9. 性格測驗　戀愛知多少　　　淺野八郎著　160元
10. 性格測驗　由裝扮瞭解人心　淺野八郎著　160元

11. 性格測驗　敲開內心玄機　　　　淺野八郎著　140元
12. 性格測驗　透視你的未來　　　　淺野八郎著　160元
13. 血型與你的一生　　　　　　　　淺野八郎著　160元
14. 趣味推理遊戲　　　　　　　　　淺野八郎著　160元
15. 行為語言解析　　　　　　　　　淺野八郎著　160元

·婦 幼 天 地· 大展編號 16

1. 八萬人減肥成果　　　　　　　　黃靜香譯　　180元
2. 三分鐘減肥體操　　　　　　　　楊鴻儒譯　　150元
3. 窈窕淑女美髮秘訣　　　　　　　柯素娥譯　　130元
4. 使妳更迷人　　　　　　　　　　成　玉譯　　130元
5. 女性的更年期　　　　　　　　　官舒妍編譯　160元
6. 胎內育兒法　　　　　　　　　　李玉瓊編譯　150元
7. 早產兒袋鼠式護理　　　　　　　唐岱蘭譯　　200元
8. 初次懷孕與生產　　　　　　　　婦幼天地編譯組　180元
9. 初次育兒 12 個月　　　　　　　婦幼天地編譯組　180元
10. 斷乳食與幼兒食　　　　　　　　婦幼天地編譯組　180元
11. 培養幼兒能力與性向　　　　　　婦幼天地編譯組　180元
12. 培養幼兒創造力的玩具與遊戲　婦幼天地編譯組　180元
13. 幼兒的症狀與疾病　　　　　　　婦幼天地編譯組　180元
14. 腿部苗條健美法　　　　　　　　婦幼天地編譯組　180元
15. 女性腰痛別忽視　　　　　　　　婦幼天地編譯組　150元
16. 舒展身心體操術　　　　　　　　李玉瓊編譯　130元
17. 三分鐘臉部體操　　　　　　　　趙薇妮著　　160元
18. 生動的笑容表情術　　　　　　　趙薇妮著　　160元
19. 心曠神怡減肥法　　　　　　　　川津祐介著　130元
20. 內衣使妳更美麗　　　　　　　　陳玄茹譯　　130元
21. 瑜伽美姿美容　　　　　　　　　黃靜香編著　180元
22. 高雅女性裝扮學　　　　　　　　陳珮玲譯　　180元
23. 蠶糞肌膚美顏法　　　　　　　　梨秀子著　　160元
24. 認識妳的身體　　　　　　　　　李玉瓊譯　　160元
25. 產後恢復苗條體態　　　　　　　居理安‧芙萊喬著　200元
26. 正確護髮美容法　　　　　　　　山崎伊久江著　180元
27. 安琪拉美姿養生學　　　　　　　安琪拉蘭斯博瑞著　180元
28. 女體性醫學剖析　　　　　　　　增田豐著　　220元
29. 懷孕與生產剖析　　　　　　　　岡部綾子著　180元
30. 斷奶後的健康育兒　　　　　　　東城百合子著　220元
31. 引出孩子幹勁的責罵藝術　　　　多湖輝著　　170元
32. 培養孩子獨立的藝術　　　　　　多湖輝著　　170元
33. 子宮肌瘤與卵巢囊腫　　　　　　陳秀琳編著　180元
34. 下半身減肥法　　　　　　　　　納他夏‧史達賓著　180元
35. 女性自然美容法　　　　　　　　吳雅菁編著　180元
36. 再也不發胖　　　　　　　　　　池園悅太郎著　170元

37. 生男生女控制術　　　　　中垣勝裕著　220元
38. 使妳的肌膚更亮麗　　　　楊　皓編著　170元
39. 臉部輪廓變美　　　　　　芝崎義夫著　180元
40. 斑點、皺紋自己治療　　　高須克彌著　180元
41. 面皰自己治療　　　　　　伊藤雄康著　180元
42. 隨心所欲瘦身冥想法　　　原久子著　180元
43. 胎兒革命　　　　　　　　鈴木丈織著　180元
44. NS 磁氣平衡法塑造窈窕奇蹟　古屋和江著　180元
45. 享瘦從腳開始　　　　　　山田陽子著　180元
46. 小改變瘦4公斤　　　　　宮本裕子著　180元
47. 軟管減肥瘦身　　　　　　高橋輝男著　180元
48. 海藻精神秘美容法　　　　劉名揚編著　180元
49. 肌膚保養與脫毛　　　　　鈴木真理著　180元
50. 10天減肥3公斤　　　　　彤雲編輯組　180元
51. 穿出自己的品味　　　　　西村玲子著　280元
52. 小孩髮型設計　　　　　　李芳黛譯　250元

·青春天地· 大展編號 17

1. A 血型與星座　　　　　柯素娥編譯　160元
2. B 血型與星座　　　　　柯素娥編譯　160元
3. O 血型與星座　　　　　柯素娥編譯　160元
4. AB 血型與星座　　　　柯素娥編譯　120元
5. 青春期性教室　　　　　呂貴嵐編譯　130元
7. 難解數學破題　　　　　宋釗宜編譯　130元
9. 小論文寫作秘訣　　　　林顯茂編譯　120元
11. 中學生野外遊戲　　　　熊谷康編著　120元
12. 恐怖極短篇　　　　　　柯素娥編譯　130元
13. 恐怖夜話　　　　　　　小毛驢編譯　130元
14. 恐怖幽默短篇　　　　　小毛驢編譯　120元
15. 黑色幽默短篇　　　　　小毛驢編譯　120元
16. 靈異怪談　　　　　　　小毛驢編譯　130元
17. 錯覺遊戲　　　　　　　小毛驢編著　130元
18. 整人遊戲　　　　　　　小毛驢編著　150元
19. 有趣的超常識　　　　　柯素娥編譯　130元
20. 哦！原來如此　　　　　林慶旺編譯　130元
21. 趣味競賽100種　　　　劉名揚編譯　120元
22. 數學謎題入門　　　　　宋釗宜編譯　150元
23. 數學謎題解析　　　　　宋釗宜編譯　150元
24. 透視男女心理　　　　　林慶旺編譯　120元
25. 少女情懷的自白　　　　李桂蘭編譯　120元
26. 由兄弟姊妹看命運　　　李玉瓊編譯　130元
27. 趣味的科學魔術　　　　林慶旺編譯　150元
28. 趣味的心理實驗室　　　李燕玲編譯　150元

29. 愛與性心理測驗	小毛驢編譯	130元
30. 刑案推理解謎	小毛驢編譯	180元
31. 偵探常識推理	小毛驢編譯	180元
32. 偵探常識解謎	小毛驢編譯	130元
33. 偵探推理遊戲	小毛驢編譯	180元
34. 趣味的超魔術	廖玉山編著	150元
35. 趣味的珍奇發明	柯素娥編著	150元
36. 登山用具與技巧	陳瑞菊編著	150元
37. 性的漫談	蘇燕謀編著	180元
38. 無的漫談	蘇燕謀編著	180元
39. 黑色漫談	蘇燕謀編著	180元
40. 白色漫談	蘇燕謀編著	180元

・健 康 天 地・ 大展編號 18

1. 壓力的預防與治療	柯素娥編譯	130元
2. 超科學氣的魔力	柯素娥編譯	130元
3. 尿療法治病的神奇	中尾良一著	130元
4. 鐵證如山的尿療法奇蹟	廖玉山譯	120元
5. 一日斷食健康法	葉慈容編譯	150元
6. 胃部強健法	陳炳崑譯	120元
7. 癌症早期檢查法	廖松濤譯	160元
8. 老人痴呆症防止法	柯素娥編譯	170元
9. 松葉汁健康飲料	陳麗芬編譯	150元
10. 揉肚臍健康法	永井秋夫著	150元
11. 過勞死、猝死的預防	卓秀貞編譯	130元
12. 高血壓治療與飲食	藤山順豐著	180元
13. 老人看護指南	柯素娥編譯	150元
14. 美容外科淺談	楊啟宏著	150元
15. 美容外科新境界	楊啟宏著	150元
16. 鹽是天然的醫生	西英司郎著	140元
17. 年輕十歲不是夢	梁瑞麟譯	200元
18. 茶料理治百病	桑野和民著	180元
20. 杜仲茶養顏減肥法	西田博著	170元
21. 蜂膠驚人療效	瀨長良三郎著	180元
22. 蜂膠治百病	瀨長良三郎著	180元
23. 醫藥與生活	鄭炳全著	180元
24. 鈣長生寶典	落合敏著	180元
25. 大蒜長生寶典	木下繁太郎著	160元
26. 居家自我健康檢查	石川恭三著	160元
27. 永恆的健康人生	李秀鈴譯	200元
28. 大豆卵磷脂長生寶典	劉雪卿譯	150元
29. 芳香療法	梁艾琳譯	160元
30. 醋長生寶典	柯素娥譯	180元

31. 從星座透視健康	席拉・吉蒂斯著	180 元
32. 愉悅自在保健學	野本二士夫著	160 元
33. 裸睡健康法	丸山淳士等著	160 元
34. 糖尿病預防與治療	藤山順豐著	180 元
35. 維他命長生寶典	菅原明子著	180 元
36. 維他命 C 新效果	鐘文訓編	150 元
37. 手、腳病理按摩	堤芳朗著	160 元
38. AIDS 瞭解與預防	彼得塔歇爾著	180 元
39. 甲殼質殼聚糖健康法	沈永嘉譯	160 元
40. 神經痛預防與治療	木下真男著	160 元
41. 室內身體鍛鍊法	陳炳崑編著	160 元
42. 吃出健康藥膳	劉大器編著	180 元
43. 自我指壓術	蘇燕謀編著	160 元
44. 紅蘿蔔汁斷食療法	李玉瓊編著	150 元
45. 洗心術健康秘法	竺翠萍編譯	170 元
46. 枇杷葉健康療法	柯素娥編譯	180 元
47. 抗衰血癒	楊啟宏著	180 元
48. 與癌搏鬥記	逸見政孝著	180 元
49. 冬蟲夏草長生寶典	高橋義博著	170 元
50. 痔瘡・大腸疾病先端療法	宮島伸宜著	180 元
51. 膠布治癒頑固慢性病	加瀨建造著	180 元
52. 芝麻神奇健康法	小林貞作著	170 元
53. 香煙能防止癡呆？	高田明和著	180 元
54. 穀菜食治癌療法	佐藤成志著	180 元
55. 貼藥健康法	松原英多著	180 元
56. 克服癌症調和道呼吸法	帶津良一著	180 元
57. B 型肝炎預防與治療	野村喜重郎著	180 元
58. 青春永駐養生導引術	早島正雄著	180 元
59. 改變呼吸法創造健康	原久子著	180 元
60. 荷爾蒙平衡養生秘訣	出村博著	180 元
61. 水美肌健康法	井戶勝富著	170 元
62. 認識食物掌握健康	廖梅珠編著	170 元
63. 痛風劇痛消除法	鈴木吉彥著	180 元
64. 酸莖菌驚人療效	上田明彥著	180 元
65. 大豆卵磷脂治現代病	神津健一著	200 元
66. 時辰療法—危險時刻凌晨 4 時	呂建強等著	180 元
67. 自然治癒力提升法	帶津良一著	180 元
68. 巧妙的氣保健法	藤平墨子著	180 元
69. 治癒 C 型肝炎	熊田博光著	180 元
70. 肝臟病預防與治療	劉名揚編著	180 元
71. 腰痛平衡療法	荒井政信著	180 元
72. 根治多汗症、狐臭	稻葉益巳著	220 元
73. 40 歲以後的骨質疏鬆症	沈永嘉譯	180 元
74. 認識中藥	松下一成著	180 元

75. 認識氣的科學	佐佐木茂美著	180 元
76. 我戰勝了癌症	安田伸著	180 元
77. 斑點是身心的危險信號	中野進著	180 元
78. 艾波拉病毒大震撼	玉川重德著	180 元
79. 重新還我黑髮	桑名隆一郎著	180 元
80. 身體節律與健康	林博史著	180 元
81. 生薑治萬病	石原結實著	180 元
83. 木炭驚人的威力	大槻彰著	200 元
84. 認識活性氧	井土貴司著	180 元
85. 深海鮫治百病	廖玉山編著	180 元
86. 神奇的蜂王乳	井上丹治著	180 元
87. 卡拉 OK 健腦法	東潔著	180 元
88. 卡拉 OK 健康法	福田伴男著	180 元
89. 醫藥與生活	鄭炳全著	200 元
90. 洋蔥治百病	宮尾興平著	180 元
91. 年輕 10 歲快步健康法	石塚忠雄著	180 元
92. 石榴的驚人神效	岡本順子著	180 元
93. 飲料健康法	白鳥早奈英著	180 元
94. 健康棒體操	劉名揚編譯	180 元
95. 催眠健康法	蕭京凌編著	180 元
96. 鬱金（美王）治百病	水野修一著	180 元
97. 醫藥與生活	鄭炳全著	200 元

・實用女性學講座・ 大展編號 19

1. 解讀女性內心世界	島田一男著	150 元
2. 塑造成熟的女性	島田一男著	150 元
3. 女性整體裝扮學	黃靜香編著	180 元
4. 女性應對禮儀	黃靜香編著	180 元
5. 女性婚前必修	小野十傳著	200 元
6. 徹底瞭解女人	田口二州著	180 元
7. 拆穿女性謊言 88 招	島田一男著	200 元
8. 解讀女人心	島田一男著	200 元
9. 俘獲女性絕招	志賀貢著	200 元
10. 愛情的壓力解套	中村理英子著	200 元
11. 妳是人見人愛的女孩	廖松濤編著	200 元

・校園系列・ 大展編號 20

1. 讀書集中術	多湖輝著	180 元
2. 應考的訣竅	多湖輝著	150 元
3. 輕鬆讀書贏得聯考	多湖輝著	180 元
4. 讀書記憶秘訣	多湖輝著	180 元

5. 視力恢復！超速讀術	江錦雲譯	180 元
6. 讀書 36 計	黃柏松編著	180 元
7. 驚人的速讀術	鐘文訓編著	170 元
8. 學生課業輔導良方	多湖輝著	180 元
9. 超速讀超記憶法	廖松濤編著	180 元
10. 速算解題技巧	宋釗宜編著	200 元
11. 看圖學英文	陳炳崑編著	200 元
12. 讓孩子最喜歡數學	沈永嘉譯	180 元
13. 催眠記憶術	林碧清譯	180 元
14. 催眠速讀術	林碧清譯	180 元
15. 數學式思考學習法	劉淑錦譯	200 元
16. 考試憑要領	劉孝暉著	180 元
17. 事半功倍讀書法	王毅希著	200 元
18. 超金榜題名術	陳蒼杰譯	200 元
19. 靈活記憶術	林耀慶編著	180 元
20. 數學增強要領	江修楨編著	180 元
21. 使頭腦靈活的數學	逢澤明著	200 元

・實用心理學講座・ 大展編號 21

1. 拆穿欺騙伎倆	多湖輝著	140 元
2. 創造好構想	多湖輝著	140 元
3. 面對面心理術	多湖輝著	160 元
4. 偽裝心理術	多湖輝著	140 元
5. 透視人性弱點	多湖輝著	180 元
6. 自我表現術	多湖輝著	180 元
7. 不可思議的人性心理	多湖輝著	180 元
8. 催眠術入門	多湖輝著	150 元
9. 責罵部屬的藝術	多湖輝著	150 元
10. 精神力	多湖輝著	150 元
11. 厚黑說服術	多湖輝著	150 元
12. 集中力	多湖輝著	150 元
13. 構想力	多湖輝著	150 元
14. 深層心理術	多湖輝著	160 元
15. 深層語言術	多湖輝著	160 元
16. 深層說服術	多湖輝著	180 元
17. 掌握潛在心理	多湖輝著	160 元
18. 洞悉心理陷阱	多湖輝著	180 元
19. 解讀金錢心理	多湖輝著	180 元
20. 拆穿語言圈套	多湖輝著	180 元
21. 語言的內心玄機	多湖輝著	180 元
22. 積極力	多湖輝著	180 元

·超現實心靈講座· 大展編號 22

1.	超意識覺醒法	詹蔚芬編譯	130元
2.	護摩秘法與人生	劉名揚編譯	130元
3.	秘法！超級仙術入門	陸明譯	150元
4.	給地球人的訊息	柯素娥編著	150元
5.	密教的神通力	劉名揚編著	130元
6.	神秘奇妙的世界	平川陽一著	200元
7.	地球文明的超革命	吳秋嬌譯	200元
8.	力量石的秘密	吳秋嬌譯	180元
9.	超能力的靈異世界	馬小莉譯	200元
10.	逃離地球毀滅的命運	吳秋嬌譯	200元
11.	宇宙與地球終結之謎	南山宏著	200元
12.	驚世奇功揭秘	傅起鳳著	200元
13.	啟發身心潛力心象訓練法	栗田昌裕著	180元
14.	仙道術遁甲法	高藤聰一郎著	220元
15.	神通力的秘密	中岡俊哉著	180元
16.	仙人成仙術	高藤聰一郎著	200元
17.	仙道符咒氣功法	高藤聰一郎著	220元
18.	仙道風水術尋龍法	高藤聰一郎著	200元
19.	仙道奇蹟超幻像	高藤聰一郎著	200元
20.	仙道鍊金術房中法	高藤聰一郎著	200元
21.	奇蹟超醫療治癒難病	深野一幸著	220元
22.	揭開月球的神秘力量	超科學研究會	180元
23.	西藏密教奧義	高藤聰一郎著	250元
24.	改變你的夢術入門	高藤聰一郎著	250元
25.	21世紀拯救地球超技術	深野一幸著	250元

·養 生 保 健· 大展編號 23

1.	醫療養生氣功	黃孝寬著	250元
2.	中國氣功圖譜	余功保著	250元
3.	少林醫療氣功精粹	井玉蘭著	250元
4.	龍形實用氣功	吳大才等著	220元
5.	魚戲增視強身氣功	宮嬰著	220元
6.	嚴新氣功	前新培金著	250元
7.	道家玄牝氣功	張章著	200元
8.	仙家秘傳袪病功	李遠國著	160元
9.	少林十大健身功	秦慶豐著	180元
10.	中國自控氣功	張明武著	250元
11.	醫療防癌氣功	黃孝寬著	250元
12.	醫療強身氣功	黃孝寬著	250元
13.	醫療點穴氣功	黃孝寬著	250元

14. 中國八卦如意功　　　　　　趙維漢著　180元
15. 正宗馬禮堂養氣功　　　　　　馬禮堂著　420元
16. 秘傳道家筋經內丹功　　　　　王慶餘著　300元
17. 三元開慧功　　　　　　　　　辛桂林著　250元
18. 防癌治癌新氣功　　　　　　　郭　林著　180元
19. 禪定與佛家氣功修煉　　　　　劉天君著　200元
20. 顛倒之術　　　　　　　　　　梅自強著　360元
21. 簡明氣功辭典　　　　　　　　吳家駿編　360元
22. 八卦三合功　　　　　　　　　張全亮著　230元
23. 朱砂掌健身養生功　　　　　　　楊永著　250元
24. 抗老功　　　　　　　　　　　陳九鶴著　230元
25. 意氣按穴排濁自療法　　　　黃啟運編著　250元
26. 陳式太極拳養生功　　　　　　陳正雷著　200元
27. 健身祛病小功法　　　　　　　王培生著　200元
28. 張式太極混元功　　　　　　　張春銘著　250元
29. 中國璇密功　　　　　　　　　羅琴編著　250元
30. 中國少林禪密功　　　　　　　齊飛龍著　200元
31. 郭林新氣功　　　　　郭林新氣功研究所　400元
32. 太極八卦之源與健身養生　　　鄭志鴻等著　280元

·社會人智囊· 大展編號 24

1. 糾紛談判術　　　　　　　　清水增三著　160元
2. 創造關鍵術　　　　　　　　淺野八郎著　150元
3. 觀人術　　　　　　　　　　淺野八郎著　200元
4. 應急詭辯術　　　　　　　　廖英迪編著　160元
5. 天才家學習術　　　　　　　木原武一著　160元
6. 貓型狗式鑑人術　　　　　　淺野八郎著　180元
7. 逆轉運掌握術　　　　　　　淺野八郎著　180元
8. 人際圓融術　　　　　　　　澀谷昌三著　160元
9. 解讀人心術　　　　　　　　淺野八郎著　180元
10. 與上司水乳交融術　　　　　秋元隆司著　180元
11. 男女心態定律　　　　　　　　小田晉著　180元
12. 幽默說話術　　　　　　　　林振輝編著　200元
13. 人能信賴幾分　　　　　　　淺野八郎著　180元
14. 我一定能成功　　　　　　　　李玉瓊譯　180元
15. 獻給青年的嘉言　　　　　　　陳蒼杰譯　180元
16. 知人、知面、知其心　　　　林振輝編著　180元
17. 塑造堅強的個性　　　　　　　坂上肇著　180元
18. 為自己而活　　　　　　　　佐藤綾子著　180元
19. 未來十年與愉快生活有約　　船井幸雄著　180元
20. 超級銷售話術　　　　　　　　杜秀卿譯　180元
21. 感性培育術　　　　　　　　黃靜香編著　180元
22. 公司新鮮人的禮儀規範　　　　蔡媛惠譯　180元

14

23. 傑出職員鍛鍊術	佐佐木正著	180 元
24. 面談獲勝戰略	李芳黛譯	180 元
25. 金玉良言撼人心	森純大著	180 元
26. 男女幽默趣典	劉華亭編著	180 元
27. 機智說話術	劉華亭編著	180 元
28. 心理諮商室	柯素娥譯	180 元
29. 如何在公司崢嶸頭角	佐佐木正著	180 元
30. 機智應對術	李玉瓊編著	200 元
31. 克服低潮良方	坂野雄二著	180 元
32. 智慧型說話技巧	沈永嘉編著	180 元
33. 記憶力、集中力增進術	廖松濤編著	180 元
34. 女職員培育術	林慶旺編著	180 元
35. 自我介紹與社交禮儀	柯素娥編著	180 元
36. 積極生活創幸福	田中真澄著	180 元
37. 妙點子超構想	多湖輝著	180 元
38. 說 NO 的技巧	廖玉山編著	180 元
39. 一流說服力	李玉瓊編著	180 元
40. 般若心經成功哲學	陳鴻蘭編著	180 元
41. 訪問推銷術	黃靜香編著	180 元
42. 男性成功秘訣	陳蒼杰編著	180 元
43. 笑容、人際智商	宮川澄子著	180 元
44. 多湖輝的構想工作室	多湖輝著	200 元
45. 名人名語啟示錄	喬家楓著	180 元
46. 口才必勝術	黃柏松編著	220 元
47. 能言善道的說話秘訣	章智冠編著	180 元
48. 改變人心成為贏家	多湖輝著	200 元
49. 說服的 I Q	沈永嘉譯	200 元
50. 提升腦力超速讀術	齊藤英治著	200 元
51. 操控對手百戰百勝	多湖輝著	200 元
52. 面試成功戰略	柯素娥編著	200 元
53. 摸透男人心	劉華亭編著	180 元
54. 撼動人心優勢口才	龔伯牧編著	180 元
55. 如何使對方說 yes	程 羲編著	200 元
56. 小道理・美好生活	林政峰編著	180 元
57. 拿破崙智慧箴言	柯素娥編著	200 元
58. 解開第六感之謎	匠英一編著	200 元
59. 讀心術入門	王嘉成編著	180 元
60. 這趟人生怎麼走	李亦盛編著	200 元
61. 這趟人生無限好	李亦盛編著	200 元

・精 選 系 列・ 大展編號 25

1. 毛澤東與鄧小平	渡邊利夫等著	280 元
2. 中國大崩裂	江戶介雄著	180 元

3. 台灣・亞洲奇蹟　　　　　　　上村幸治著　220元
4. 7-ELEVEN 高盈收策略　　　　國友隆一著　180元
5. 台灣獨立（新・中國日本戰爭一）　森詠著　200元
6. 迷失中國的末路　　　　　　　江戶雄介著　220元
7. 2000 年 5 月全世界毀滅　　　紫藤甲子男著　180元
8. 失去鄧小平的中國　　　　　　小島朋之著　220元
9. 世界史爭議性異人傳　　　　　桐生操著　200元
10. 淨化心靈享人生　　　　　　　松濤弘道著　220元
11. 人生心情診斷　　　　　　　　賴藤和寬著　220元
12. 中美大決戰　　　　　　　　　檜山良昭著　220元
13. 黃昏帝國美國　　　　　　　　莊雯琳譯　220元
14. 兩岸衝突（新・中國日本戰爭二）　森詠著　220元
15. 封鎖台灣（新・中國日本戰爭三）　森詠著　220元
16. 中國分裂（新・中國日本戰爭四）　森詠著　220元
17. 由女變男的我　　　　　　　　虎井正衛著　200元
18. 佛學的安心立命　　　　　　　松濤弘道著　220元
19. 世界喪禮大觀　　　　　　　　松濤弘道著　280元
20. 中國內戰（新・中國日本戰爭五）　森詠著　220元
21. 台灣內亂（新・中國日本戰爭六）　森詠著　220元
22. 琉球戰爭 ①（新・中國日本戰爭七）森詠著　220元
23. 琉球戰爭 ②（新・中國日本戰爭八）森詠著　220元
24. 台海戰爭（新・中國日本戰爭九）　森詠著　220元
25. 美中開戰（新・中國日本戰爭十）　森詠著　220元
26. 東海戰爭①（新・中國日本戰爭十一）森詠著　220元
27. 東海戰爭②（新・中國日本戰爭十二）森詠著　220元

・運 動 遊 戲・大展編號 26

1. 雙人運動　　　　　　　　　　李玉瓊譯　160元
2. 愉快的跳繩運動　　　　　　　廖玉山譯　180元
3. 運動會項目精選　　　　　　　王佑京譯　150元
4. 肋木運動　　　　　　　　　　廖玉山譯　150元
5. 測力運動　　　　　　　　　　王佑宗譯　150元
6. 游泳入門　　　　　　　　　　唐桂萍編著　200元
7. 帆板衝浪　　　　　　　　　　王勝利譯　300元
8. 蛙泳七日通　　　　　　　　　溫仲華編著　180元
20. 乒乓球發球與接發球　　　　　張良西著　200元
21. 乒乓球雙打　　　　　　　　　李浩松著　180元
22. 乒乓球削球　　　　　　　　　王蒲主編
23. 乒乓球打法與戰術　　　　　　岳海鵬編著

·休閒娛樂· 大展編號 27

1. 海水魚飼養法	田中智浩著	300 元
2. 金魚飼養法	曾雪玫譯	250 元
3. 熱門海水魚	毛利匡明著	480 元
4. 愛犬的教養與訓練	池田好雄著	250 元
5. 狗教養與疾病	杉浦哲著	220 元
6. 小動物養育技巧	三上昇著	300 元
7. 水草選擇、培育、消遣	安齊裕司著	300 元
8. 四季釣魚法	釣朋會著	200 元
9. 簡易釣魚入門	張果馨譯	200 元
10. 防波堤釣入門	張果馨譯	220 元
11. 透析愛犬習性	沈永嘉譯	200 元
20. 園藝植物管理	船越亮二著	220 元
21. 實用家庭菜園DIY	孔翔儀著	200 元
30. 汽車急救DIY	陳瑞雄編著	200 元
31. 巴士旅行遊戲	陳羲編著	180 元
32. 測驗你的IQ	蕭京凌編著	180 元
33. 益智數字遊戲	廖玉山編著	180 元
40. 撲克牌遊戲與贏牌秘訣	林振輝編著	180 元
41. 撲克牌魔術、算命、遊戲	林振輝編著	180 元
42. 撲克占卜入門	王家成編著	180 元
50. 兩性幽默	幽默選集編輯組	180 元
51. 異色幽默	幽默選集編輯組	180 元
52. 幽默魔法鏡	玄虛叟編著	180 元
53. 幽默樂透站	玄虛叟編著	180 元
70. 亞洲真實恐怖事件	楊鴻儒譯	200 元

·銀髮族智慧學· 大展編號 28

1. 銀髮六十樂逍遙	多湖輝著	170 元
2. 人生六十反年輕	多湖輝著	170 元
3. 六十歲的決斷	多湖輝著	170 元
4. 銀髮族健身指南	孫瑞台編著	250 元
5. 退休後的夫妻健康生活	施聖茹譯	200 元

·飲食保健· 大展編號 29

1. 自己製作健康茶	大海淳著	220 元
2. 好吃、具藥效茶料理	德永睦子著	220 元
3. 改善慢性病健康藥草茶	吳秋嬌譯	200 元
4. 藥酒與健康果菜汁	成玉編著	250 元
5. 家庭保健養生湯	馬汴梁編著	220 元

17

6. 降低膽固醇的飲食	早川和志著	200 元
7. 女性癌症的飲食	女子營養大學	280 元
8. 痛風者的飲食	女子營養大學	280 元
9. 貧血者的飲食	女子營養大學	280 元
10. 高脂血症者的飲食	女子營養大學	280 元
11. 男性癌症的飲食	女子營養大學	280 元
12. 過敏者的飲食	女子營養大學	280 元
13. 心臟病的飲食	女子營養大學	280 元
14. 滋陰壯陽的飲食	王增著	220 元
15. 胃、十二指腸潰瘍的飲食	勝健一等著	280 元
16. 肥胖者的飲食	雨宮禎子等著	280 元
17. 癌症有效的飲食	河內卓等著	300 元
18. 糖尿病有效的飲食	山田信博等著	300 元
19. 骨質疏鬆症有效的飲食	板橋明等著	300 元
20. 高血壓有效的飲食	大內尉義著	300 元
21. 肝病有效的飲食	田中武　等著	300 元

・家庭醫學保健・ 大展編號 30

1. 女性醫學大全	雨森良彥著	380 元
2. 初為人父育兒寶典	小瀧周曹著	220 元
3. 性活力強健法	相建華著	220 元
4. 30 歲以上的懷孕與生產	李芳黛編著	220 元
5. 舒適的女性更年期	野末悅子著	200 元
6. 夫妻前戲的技巧	笠井寬司著	200 元
7. 病理足穴按摩	金慧明著	220 元
8. 爸爸的更年期	河野孝旺著	200 元
9. 橡皮帶健康法	山田晶著	180 元
10. 三十三天健美減肥	相建華等著	180 元
11. 男性健美入門	孫玉祿編著	180 元
12. 強化肝臟秘訣	主婦之友社編	200 元
13. 了解藥物副作用	張果馨譯	200 元
14. 女性醫學小百科	松山榮吉著	200 元
15. 左轉健康法	龜田修等著	200 元
16. 實用天然藥物	鄭炳全編著	260 元
17. 神秘無痛平衡療法	林宗駛著	180 元
18. 膝蓋健康法	張果馨譯	180 元
19. 針灸治百病	葛書翰著	250 元
20. 異位性皮膚炎治癒法	吳秋嬌譯	220 元
21. 禿髮白髮預防與治療	陳炳崑編著	180 元
22. 埃及皇宮菜健康法	飯森薰著	200 元
23. 肝臟病安心治療	上野幸久著	220 元
24. 耳穴治百病	陳抗美等著	250 元
25. 高效果指壓法	五十嵐康彥著	200 元

26. 瘦水、胖水	鈴木園子著	200 元
27. 手針新療法	朱振華著	200 元
28. 香港腳預防與治療	劉小惠譯	250 元
29. 智慧飲食吃出健康	柯富陽編著	200 元
30. 牙齒保健法	廖玉山編著	200 元
31. 恢復元氣養生食	張果馨譯	200 元
32. 特效推拿按摩術	李玉田著	200 元
33. 一週一次健康法	若狹真著	200 元
34. 家常科學膳食	大塚滋著	220 元
35. 夫妻們閱讀的男性不孕	原利夫著	220 元
36. 自我瘦身美容	馬野詠子著	200 元
37. 魔法姿勢益健康	五十嵐康彥著	200 元
38. 眼病錘療法	馬栩周著	200 元
39. 預防骨質疏鬆症	藤田拓男著	200 元
40. 骨質增生效驗方	李吉茂編著	250 元
41. 蕺菜健康法	小林正夫著	200 元
42. 赧於啟齒的男性煩惱	增田豐著	220 元
43. 簡易自我健康檢查	稻葉允著	250 元
44. 實用花草健康法	友田純子著	200 元
45. 神奇的手掌療法	日比野喬著	230 元
46. 家庭式三大穴道療法	刑部忠和著	200 元
47. 子宮癌、卵巢癌	岡島弘幸著	220 元
48. 糖尿病機能性食品	劉雪卿編著	220 元
49. 奇蹟活現經脈美容法	林振輝編譯	200 元
50. Super SEX	秋好憲一著	220 元
51. 了解避孕丸	林玉佩譯	200 元
52. 有趣的遺傳學	蕭京凌編著	200 元
53. 強身健腦手指運動	羅群等著	250 元
54. 小周天健康法	莊雯琳譯	200 元
55. 中西醫結合醫療	陳蒼杰譯	200 元
56. 沐浴健康法	楊鴻儒譯	200 元
57. 節食瘦身秘訣	張芷欣編著	200 元
58. 酵素健康法	楊皓譯	200 元
59. 一天 10 分鐘健康太極拳	劉小惠譯	250 元
60. 中老年人疲勞消除法	五味雅吉著	220 元
61. 與齲齒訣別	楊鴻儒譯	220 元
62. 禪宗自然養生法	費德漢編著	200 元
63. 女性切身醫學	編輯群編	200 元
64. 乳癌發現與治療	黃靜香編著	200 元
65. 做媽媽之前的孕婦日記	林慈姈編著	180 元
66. 從誕生到一歲的嬰兒日記	林慈姈編著	180 元
67. 6 個月輕鬆增高	江秀珍譯	200 元
68. 一輩子年輕開心	編輯群編	200 元
69. 怎可盲目減肥	編輯群編	200 元

70. 『腳』萬病之源　　　　　　　阿部幼子著　200元
71. 睡眠健康養生法　　　　　　　編輯群編著　200元
72. 水中漫步健康法　　　　　　　野村武男著　220元
73. 孩子運動傷害預防與治療　　　松井達也著　220元
74. 病從血液起　　　　　　　　　溝口秀昭著　200元

・超經營新智慧・大展編號 31

1. 躍動的國家越南　　　　　　　　林雅倩譯　250元
2. 甦醒的小龍菲律賓　　　　　　　林雅倩譯　220元
3. 中國的危機與商機　　　　　　中江要介著　250元
4. 在印度的成功智慧　　　　　　山內利男著　220元
5. 7-ELEVEN 大革命　　　　　　村上豐道著　200元
6. 業務員成功秘方　　　　　　　呂育清編著　200元
7. 在亞洲成功的智慧　　　　　　鈴木讓二著　220元
8. 圖解活用經營管理　　　　　　山際有文著　220元
9. 速效行銷學　　　　　　　　　　江尻弘著　220元
10. 猶太成功商法　　　　　　　　周蓮芬編著　200元
11. 工廠管理新手法　　　　　　　黃柏松編著　220元
12. 成功隨時掌握在凡人手上　　　竹村健一著　220元
13. 服務・所以成功　　　　　　　中谷彰宏著　200元
14. 輕鬆賺錢高手　　　　　　　　增田俊男著　220元

・理財、投資・大展編號 312

1. 突破股市瓶頸　　　　黃國洲著（特價）199元
2. 投資眾生相　　　　　　　　　黃國洲著　220元

・成 功 秘 笈・大展編號 313

1. 企業不良幹部群相　　（精）　黃琪輝著　230元

・親子系列・大展編號 32

1. 如何使孩子出人頭地　　　　　多湖輝著　200元
2. 心靈啟蒙教育　　　　　　　　多湖輝著　280元
3. 如何使孩子數學滿分　　　　　林明嬋編著　180元
4. 終身受用的學習秘訣　　　　　李芳黛譯　200元
5. 數學疑問破解　　　　　　　　陳蒼杰譯　200元

國家圖書館出版品預行編目資料

熱門海水魚／毛利匡明著；劉雪卿譯
－初版，－臺北市，大展，民86
面；　　　公分，－（休閒娛樂；3）
譯自：海水魚・人氣魚種と飼育法
ISBN 957-557-731-0（平裝）

1.魚－養殖

437. 868　　　　　　　　　　86007199

KAISUIGYO NINKIGYOSYU TO SIIKUHOU
Copyright©1994 IKEDA SHOTEN PUBLISHING CO., LTD
Originally published in Japan in 1994 by
IKEDA SHOTEN PUBLISHING CO., LTD
Chinese translation rights arranged through
KEIO CUEIURAI ENTERPRISE CO., LTD.

版權代理／京王文化事業有限公司

熱門海水魚

ISBN 957-557-731-0

原 著 者 / 毛利匡明
編 譯 者 / 劉 雪 卿
發 行 人 / 蔡 森 明
出 版 者 / 大展出版社有限公司
社　　　址 / 台北市北投區（石牌）致遠一路2段12巷1號
電　　　話 / （02）28236031・28236033・28233123
傳　　　真 / （02）28272069
郵政劃撥 / 01669551
E－mail / dah_jaan@yahoo.com.tw
登 記 證 / 局版臺業字第2171號
承 印 者 / 國順圖書印刷公司
裝　　　訂 / 協億印製廠股份有限公司
排 版 者 / 千兵企業有限公司
初版1刷 / 1997年（民86年）6月
初版2刷 / 2002年（民91年）10月

定價 / 480元

大展好書　好書大展
品嘗好書　冠群可期